Nelson Orlando Álvarez Nicoliello

LOMBRIZ DE TIERRA Anélido Común

Nelson Orlando Álvarez Nicoliello

LOMBRIZ DE TIERRA
Anélido Común

Uso de la lombriz de tierra (lumbricus terrestris l.) para la producción de humus

Editorial Académica Española

Imprint
Any brand names and product names mentioned in this book are subject to trademark, brand or patent protection and are trademarks or registered trademarks of their respective holders. The use of brand names, product names, common names, trade names, product descriptions etc. even without a particular marking in this work is in no way to be construed to mean that such names may be regarded as unrestricted in respect of trademark and brand protection legislation and could thus be used by anyone.

Cover image: www.ingimage.com

Publisher:
Editorial Académica Española
is a trademark of
Dodo Books Indian Ocean Ltd. and OmniScriptum S.R.L publishing group

120 High Road, East Finchley, London, N2 9ED, United Kingdom
Str. Armeneasca 28/1, office 1, Chisinau MD-2012, Republic of Moldova, Europe
Printed at: see last page
ISBN: 978-613-9-43828-0

Índice

1. INTRODUCCIÓN

La Agroecología, como la ciencia de la Ecología aplicada a la agricultura, se distingue de una manera singular por su reconocimiento de la evaluación social y ecológica y la inseparabilidad de los sistemas sociales y ecológicos.

En Venezuela, a partir de 1999, se ha impulsado el desarrollo de esta rama con la aprobación de la nueva constitución nacional, que incluye la protección de la naturaleza y en su artículo 305, el siguiente texto:

> El Estado promoverá y desarrollará la *agroecología* como base estratégica del desarrollo rural integral, a fin de garantizar la seguridad y la soberanía alimentarias de la población, entendidas como la disponibilidad suficiente y estable de alimentos en el ámbito nacional y el acceso oportuno y permanente a éstos por parte del público consumidor.

El uso de fertilizantes químicos como abastecedores de nutrientes agrícolas se ha reducido considerablemente, por el elevado precio que tiene en el mercado mundial y además, por la tendencia internacional de disminuir la quimización en la agricultura que provoca la contaminación ambiental (Almaguer *et al.*, 2012). Una de las vías más utilizadas para solucionar este problema es el uso de abonos orgánicos que puedan sustituir parcial o totalmente la fertilización mineral. Una de las fuentes orgánicas con mayor perspectiva de empleo, es a partir de la transformación de los residuales sólidos orgánicos por medio de la lombriz de tierra.

El humus producido por las lombrices de tierra posee un grupo de propiedades físicas, químicas y biológicas, que lo hace ideal como abono orgánico, ya que mejoran la estructura del suelo, aumentan la retención del agua, facilitan la absorción de los nutrientes por parte de la planta y estimulan el crecimiento y desarrollo de las mismas, entre otras funciones (Hartwigsen y Evans, 2000; Eyheraguibel *et al.*, 2008).

De manera tradicional las especies *Eisenia foetida* S. (Roja Californiana) y *Eudrilus eugeneae* K. (Roja Africana) han sido las más utilizadas en vermicultura y vermicompostaje debido a su capacidad de colonizar residuos orgánicos de forma natural, su tasa alta de consumo, digestión y asimilación de la materia orgánica; su capacidad para tolerar un rango amplio de condiciones ambientales y su elevada tasa reproductiva. Sin embargo, estudios realizados por Gajalakshmi *et al.*, (2001) y Tripathi y Bhardwaj (2004) muestran la posibilidad de utilizar especies anécicas locales en la producción de vermicompostaje, en lugar de especies exóticas. Para ello es importante crear condiciones adecuadas del medio para que las lombrices se adapten y expresen todas sus potencialidades, que permita la obtención de humus con buena calidad.

Entre las especies con potencialidades se encuentra la lombriz común (*Lombricus terrestris* L.), de gran tamaño y cosmopolita, la cual requiere condiciones óptimas para su adaptación a condiciones de confinamiento y obtener rendimientos aceptables de humus. Fuentes (1987) plantea la necesidad de construir instalaciones costosas, para evitar que los individuos, debido a su tendencia natural, abandonen el lugar donde inicialmente fue instalada, entre otras razones, a pesar de estar presente en cualquier patio o finca venezolana.

Teniendo en cuenta lo planteado anteriormente se arriba al siguiente **problema científico:**

Se desconocen las potencialidades de la lombriz de tierra nativa, del Sector Guamita-Pernal, Estado Cojedes, de la República Bolivariana de Venezuela, para su adaptación a condiciones de confinamiento y producción de humus con calidad aceptable.

Hipótesis

Si se crean las condiciones adecuadas de humedad, temperatura y calidad de sustrato a la lombriz común nativa del Sector Guamita-Pernal, se logrará la adaptación de los individuos, el crecimiento y desarrollo de los mismos; así como la obtención de humus con calidad aceptable.

Objetivo general

Evaluar las potencialidades de la lombriz de tierra nativa del Sector la Guamita-Pernal, para su adaptabilidad a condiciones de confinamiento y producción de humus a partir de diferentes sustratos.

Objetivos específicos:

1. Establecer condiciones adecuadas de temperatura, humedad, sustrato y densidad de individuos, que permitan la adaptación de la lombriz nativa a condiciones de confinamiento.
2. Evaluar el crecimiento y desarrollo de las lombrices a partir de indicadores poblacionales.
3. Caracterizar el humus producido a base de diferentes excrementos de animales mediante métodos químicos y físico-mecánicos.
4. Determinar la calidad fitosanitaria del humus obtenido.
5. Valorar la factibilidad económica de la producción de humus con la lombriz nativa.

2. REVISIÓN BIBLIOGRÁFICA

2.1. Agricultura sostenible

La Agricultura Sostenible según González (2002), se distingue por la aplicación de elevadas cantidades de materia orgánica en el soporte de la nutrición vegetal y en el manejo de la conservación de la fertilidad del suelo.

La fertilización orgánica puede ser una vía económica y ecológicamente efectiva para reducir la dependencia de los fertilizantes químicos, los cuales aportan elementos directamente asimilables por las plantas; sin embargo, pueden tener efectos secundarios indeseables, como eliminar las bacterias y los microoganismos que tienen la función de hacer asimilables los distintos elementos del suelo para la nutrición de las plantas, contaminan el medio ambiente y pueden afectar la salud de las personas y los animales por el uso excesivo de los mismos (Mulet del Pozo *et al.*, 2008).

La agricultura orgánica, por el contrario, posee entre sus ventajas más significativas la de mejorar la calidad orgánica y actividad biológica del suelo, facilitar la penetración del agua, incrementar la retención de agua y reducir los costos de producción al disminuir los precios de los abonos empleados. Una de las fuentes orgánicas con mayor perspectiva de utilización es la obtenida a partir de la transformación de los residuales sólidos orgánicos por medio de la lombriz de tierra (Almaguer, 2012).

Con la implementación de la agricultura orgánica se han desarrollado diferentes tipos de abonos orgánicos, los cuales se obtiene según su origen de formación, por la naturaleza o por el trabajo del hombre. Los tipos más conocidos de abonos orgánicos son los formados por residuos de cosecha, estiércol de animales, cenizas, cachaza, abonos naturales, composts, abonos verdes, abonos líquidos y humus de lombriz (Figueroa, 2002; Téllez, 2007).

2.2. Importancia de la materia orgánica

Primavessi (1990) define la materia orgánica, como toda sustancia muerta proveniente de plantas, microorganismos, excreciones animales (de fauna terrícola ya sea de micro y macro fauna), que se superponen al suelo mineral en los medios naturales y que bajo la acción de factores edafoclimáticos y biológicos, son sometidos a un constante proceso de transformación. Según Zuñiga (2000) la materia orgánica en el suelo tiene como fuente original los restos de plantas y animales en diferentes estados de descomposición, así como la biomasa microbiana.

Meléndez (2003) considera a la materia orgánica del suelo (MOS) como un continuo de compuestos heterogéneos con base de carbono, que están formados por la acumulación de materiales de origen animal y vegetal, parcial o completamente descompuestos en constante estado de descomposición, de sustancias sintetizadas por microorganismos y/o vía química, del conjunto de microorganismos vivos y muertos y de animales pequeños que aún faltan descomponer.

Se estima que la composición de la materia orgánica en el medio suelo está definida en un 10 % de carbohidratos; un 10 % de compuestos nitrogenados incluyendo proteínas, péptidos, aminoácidos, aminoazúcares, purinas, pirimidinas, un 15 % de grasas, ceras, resinas y un 65 % de sustancias húmicas. Estos porcentajes son variables y dependen grandemente de numerosos factores externos e internos (Schnitzer, 1990).

La materia orgánica es uno de los factores más importantes para mantener la productividad del suelo en forma sostenida y ésta determina la fertilidad del mismo. La utilización de los abonos orgánicos como una alternativa de agricultura, surge como complemento y para satisfacer la necesidad de restituir a los suelos, al menos en parte, lo que se extrae de ellos con la producción agrícola (Otero, 2010).

La importancia que se reconoce a la materia orgánica deriva de su intervención en procesos de trascendencia como la fertilización del suelo, ya que mejora la agregación de las partículas, la absorción del agua y el contenido de aire, disminuye el escurrimiento superficial (Bellapart, 1996), facilita el laboreo y el desarrollo radical (Honorato, 1993), aumenta la capacidad de intercambio catiónico y la resistencia a los cambios de pH de los suelos (Honorato, 1993; Guerrero, 1996; Bollo, 1999).

La materia orgánica también es importante en el desarrollo y en las transformaciones que realizan los organismos del suelo (Guerrero, 1996) y favorece el control biológico de plagas y enfermedades. Además de sus efectos sobre las propiedades físicas, químicas y biológicas del suelo, la materia orgánica es un material fertilizante de acción lenta (Bellapart, 1996; Bollo, 1999) y da origen a ciclos biológicos de nutrientes en el suelo. Así mismo, los aportes de materia orgánica resultan críticos para el mantenimiento del suelo y la fertilidad a largo plazo (Chaney *et al.*, 1992; Bohn *et al.*, 1993; Porta *et al.*, 2003; Armenta, 2006).

La bioestructura y toda la productividad del suelo se basa en la presencia de materia orgánica en descomposición o humificada, con una función importante en la retención de humedad, ya que el suelo sólo retiene de ½ a 1½ partes de agua, mientras que la materia orgánica (estiércol) retiene de 3/4 partes (Neugebawer, 1992).

2.3. El uso de estiércoles como abono orgánico

2.3.1. Composición de los abonos orgánicos

Como abono se considera, en general, aquel material que se aplica al suelo y estimula el crecimiento de las plantas de manera indirecta, al mejorar las propiedades físico-químicas y biológicas del suelo. Por otro lado, un material se considera un fertilizante cuando estimula el crecimiento de manera directa mediante el aporte de nutrientes indispensable para las plantas. En la Tabla 1 se muestran los resultados de análisis químicos a los principales abonos orgánicos que se utilizan en la agricultura. La misma expresa valores medios, los que pueden servir de referencia para evaluar los abonos orgánicos, pero no deben tomarse como definitivos, porque pueden variar según su procedencia.

Tabla 1. Características de los abonos orgánicos que se utilizan con más frecuencia en la agricultura (González *et al.*, 2002).

Análisis	**Tipo de abono orgánico**			
	Estiércol de ovejo	**Gallinaza**	**Estiércol Bovino**	**Humus de lombriz**
Humedad (%)	61,60	75,00	54,00	56-60
Relación (C/N)	15:1	22:1	15:03	14:10
M.O. (%)	21,12	15,54	46,1	51,2
N (%)	0,82	0,70	2,18	2,11
P_2O_5 (%)	0,21	1,03	0,98	0,81
K_2O (%)	0,84	0,49	1,02	1,53

Diseño: Álvarez (2013)

Las características de los abonos orgánicos están regidas por su contenido de materia orgánica, la naturaleza de los materiales que participan en su formación y del proceso de fermentación y descomposición a que fueron sometidos los residuos orgánicos. La composición química de los estiércoles varía en función de la dieta del animal. Sin embargo, el nitrógeno es de los nutrimentos encontrados en mayor cantidad en la mayoría de los estiércoles (Miller y Donahue, 1995).

Según Van Horn (1995) la composta de estiércol bovino tiene una composición similar a la fuente de donde se origina, parte del nitrógeno se pierde durante el proceso de composteo y los elementos menores tienden a concentrarse debido a la pérdida de carbono, oxígeno e hidrógeno a la atmósfera. Sin embargo, La materia orgánica que aporta el estiércol contiene cantidades apreciables de nitrógeno, que puede ser utilizado por la planta durante mucho tiempo y se considera que el potasio, el fósforo y el calcio, contenidos en el estiércol, se encuentran en cantidades más o menos suficientes y asimilables como consecuencia de la actividad microbiana.

En la composición mineral del estiércol sólido se destaca una notable heterogeneidad, se trata de un abono compuesto de naturaleza órgano - mineral, rico en materia orgánica con un contenido bajo de elementos minerales (Labrador, 2001). El nitrógeno se encuentra casi exclusivamente en forma orgánica y requiere la mineralización previa para ser asimilado por los cultivos. En general, se caracteriza por un contenido reducido de nitrógeno amoniacal, fósforo y potasio que se encuentran aproximadamente en un 50% en forma orgánica y mineral. Además, contienen gran cantidad de oligoelementos y sustancias fisiológicamente activas como hormonas, vitaminas y antibióticos y una enorme población de microorganismos.

2.3.2. Importancia para el desarrollo de las plantas

Se ha demostrado que el uso de abonos orgánicos obtenidos de los residuos orgánicos de las fincas o de su entorno, contribuye a eliminar la contaminación ambiental que se produce cuando son vertidos al medio, e incrementa los rendimientos de varias especies al sustituir parcial o totalmente a los fertilizantes minerales (Pérez *et al.*, 1997; González *et al.*, 2002). Los abonos orgánicos deben tener un contenido de nutrientes N, P, K, Ca y Mg equilibrado, de modo que al ser utilizados mejoren la fertilidad de los suelos y beneficien el estado nutricional de las plantas. Por otra parte, no deben tener sustancias que acidifiquen o alcalinicen los suelos y que puedan afectar el desarrollo normal de los cultivos.

Peña (2002) le atribuye a los abonos orgánicos otras funciones, dentro de ellas la de mayor rentabilidad que proporciona el sistema agrícola, al reducir en gran medida las normas de riego, por su contribución a la mayor retención de humedad en el suelo, disminuyendo así los costos de producción. Caballero *et al.* (2000) Estudiaron el efecto de los abonos orgánicos y determinaron que la utilización de 10 kg/m² de estiércol vacuno y 0,6 kg/m² de humus de lombriz, aplicados por separado cada dos cosechas durante una rotación de seis hortalizas, elevan los rendimientos por encima de 20 kg/m² e incrementan los contenidos de P_2O_5, K_2O, así como el porcentaje de materia orgánica del suelo.

2.4. La lombricultura

Tineo (1991), define la lombricultura como: "la crianza y manejo de lombrices de tierra en condiciones de cautividad"; con la finalidad básica de obtener con ella dos productos de mucha importancia para el hombre: el humus como fertilizante, enmienda de uso agrícola y la proteína (carne fresca o harina), como suplemento para raciones de animales. Por lo tanto, todas las operaciones diversas relacionadas con la cría y manejo de lombrices, se le denomina lombricultura.

El número de especies de lombrices de tierra descritas hasta el momento es muy elevado; según Reynolds y Wetzel (2010), hay aproximadamente 8302 especies, y cada año se describen una media de 68 especies nuevas. De la mayoría de estas especies sólo se conoce el género al que pertenecen y su descripción morfológica, y se desconocen por completo sus ciclos de vida y su ecología.

Las lombrices de tierra representan la mayor biomasa animal edáfica en la mayoría de ecosistemas templados terrestres (Pérez-Losada *et al.*, 2012). Estos organismos modifican las propiedades físicas del suelo tales como la agregación, la estabilidad y la porosidad al excavar galerías (Lavelle y Spain, 2001), y las propiedades químicas y biológicas como la tasa de descomposición de la materia orgánica, la disponibilidad de nutrientes, así como la composición y la actividad de los microorganismos y de otros invertebrados del suelo (Domínguez *et al.*, 2004, 2010; Lores *et al.*, 2006, Monroy *et al.*, 2008).

No obstante al desarrollo de la lombricultura, en las últimas décadas todavía es insuficiente el conocimiento acerca de las interacciones que se establecen durante el proceso de humuficación y se requiere de estudios multidisciplinarios para entender los mecanismos biológicos que rigen el vermicompostaje, un proceso aerobio de degradación y tratamiento de residuos orgánicos, basado en la acción conjunta y sinérgica de algunas especies de lombrices de tierra y los microorganismos del suelo (Domínguez, 2004).

En la actualidad se presenta la necesidad de desarrollar tecnologías adecuadas para la producción de compostes orgánicos de buena calidad, que posibiliten su comercialización y correcta utilización en la agricultura. Para ello, es necesario contar, entre otras cosas, con métodos que evalúen la calidad de los abonos orgánicos, en especial, aquellos que estimen las concentraciones de elementos disponibles a las plantas.

2.4.1. El humus de lombriz

La palabra humus data de 2000 A.C. y el término se utiliza desde la civilización griega. Para ellos el humus era aquel material orgánico de color marrón oscuro, de consistencia patosa que resulta de la descomposición de los restos vegetales y animales que se concentran en el suelo (Theophrastus 372-287 A. C. citado por Fernández *et al.*, 2003). En el proceso de humificación se producen reacciones de oxidación y estabilización de los sustratos orgánicos a través de la acción descomponedora conjunta de lombrices y microorganismos, que lo convierten en un material humificado y mineralizado (Domínguez *et al.*, 1997; Bollo, 1999).

Las deyecciones de la lombriz poseen una riqueza en flora bacteriana elevada de $2x10^{12}$ colonias por gramo de humus producido, en comparación con los pocos centenares de millones presentes en la misma cantidad de estiércol fermentado. Esto permite la producción de enzimas importantes para la evolución de la materia orgánica cuando este material es aplicado al suelo (Ferruzi, 1986). El humus de lombriz está compuesto por C, O_2, N, así como macro y micro nutrimentos en diferentes proporciones, tales como: Ca, K, Fe, Mn y Zn, entre otros. Los contenidos finales por tonelada de material dependerán básicamente de la fuente de origen y la humedad del material cuando el proceso finaliza (Fraile y Obando, 1994).

2.4.2. Propiedades y usos

El uso del humus de lombriz está ligado a las propiedades físicas, químicas y biológicas que presenta y es el abono orgánico más conocido en el mercado agroecológico. Su composición depende del sustrato con el cual se alimentan las lombrices, al utilizar residuos orgánicos de origen animal o vegetal (Schuldt, 2006). Su uso representa una alternativa ecológica y económica al reducir la cantidad de residuos orgánicos urbanos, agroindustriales y ganaderos (Altamirano, 2010).

Este abono natural corresponde a la materia orgánica del suelo en un estado más o menos avanzado de estabilización y está formado por ácidos húmicos, fúlvicos y huminas. El mismo presenta características físico-químicas que provocan efectos positivos tanto en el suelo como en la planta, entre estas: mejorar la estructura del suelo, mejorar la retención de humedad, facilitar la absorción de los nutrientes, así como estimular el crecimiento y desarrollo por la planta (Mackowiak *et al.*, 2000; Hartwigsen y Evans, 2000; Eyheraguibel *et al.*, 2008).

La materia orgánica es parte fundamental del proceso de vermicomposteo ya que es el alimento de las lombrices. La Norma Mexicana NMX-FF-109-SCFI-2007, estima un valor entre 20 % y 50 % de material orgánica en base seca (Garg *et al.*, 2006) y reporta un mayor contenido en tratamientos que contienen estiércol bovino (29,72%) en comparación a los de residuos vegetales (23,03%). Delgado *et al.* (2004) también reportaron mayores cantidades de materia orgánica en tratamientos que contenía estiércol equino (44,9%) en relación al lodo residual (37,5%).

El humus procedente de la descomposición de los residuos orgánicos con baja relación C/N y bajos contenidos de lignina, son más sueltos y friables, al compararlos con el abono orgánico que se obtiene con residuos vegetales ricos en lignina y con una relación C/N muy alta. El uso del vermicomposteo es muy variado, puede usarse como mejorador del suelo o también como sustrato para el crecimiento de plantas, en la germinación de semillas, como soporte para inoculantes microbianos, material con capacidad para suprimir fitopatógenos, para biogenerar suelos degradados e incluso biorecuperar suelos contaminados en invernaderos o viveros (Suthar, 2009).

Ortiz y Campos (2002) señalan que el humus de lombriz constituye un abono orgánico de extraordinaria calidad, que ha demostrado tener un efecto positivo sobre el rendimiento y el mejoramiento de los suelos ferríticos, con producciones de 987 toneladas de humus de lombriz.

2.5. La lombriz de tierra

2.5.1. Clasificación taxonómica

La morfología externa e interna se emplea en la sistemática para clasificar distintas especies de lombrices. Los parámetros que utiliza la clasificación en función de la morfología externa son: número de quetas, cantidad de segmentos del cuerpo, posición que ocupa el clitelo con respecto al prostomio y las características de éste.

Las especies de mayor interés para la lombricultura presentan la siguiente clasificación según Villee (Kooch *et al*., 2008; Abdullah y Saywack, 2011).

Reino: Animalia
Phylum: Annelida
Clase: Clitellata
Orden: Hepatotoxida
Familia: Lumbricidae
Género: *Lumbricus, Eisenia*
Especies: *Lumbricus terrestris* L, *Eisenia foetida* S.

2.5.2. Hábitat

Las especies de lombrices de interés para la lombricultura son adaptables y pueden vivir y reproducirse en diferentes condiciones ecológicas. No obstante, como todo organismo vivo, requieren para su óptimo desarrollo condiciones bien definidas, la mayoría de las cuales pueden ser controladas por el hombre; estas son fundamentalmente: la temperatura, el pH, la humedad y la alimentación adecuada.

El hábitat natural de la lombriz de tierra son los suelos donde se encuentra la hojarasca, los troncos caídos y casi cualquier material vegetal en estado de descomposición. Su fuente primaria de alimento son los microorganismos que procesan esa materia orgánica; su presencia, abundancia y actividad es influida por la distribución de este sustrato en el suelo. Desde un punto de vista ecológico las lombrices se clasifican en tres categorías: epígeas, endógeas y anécicas, básicamente en función a sus estrategias de alimentación y formación de galerías (Bouché, 1977; García, 2006).

Epígeas: son aquellas lombrices que habitan en la superficie del suelo y se alimentan de la hojarasca. Son muy móviles y presentan musculatura excavadora poco desarrollada.

Anécicas: se alimentan de hojarasca, la cual mezclan con el suelo de los horizontes superiores. Se refugian en túneles verticales semipermanentes que cavan dentro del suelo. Son pigmentadas en la parte anterior del cuerpo y suelen ser marrón oscuro, son grandes y poseen una musculatura anterior fuerte.

Endógeas: viven dentro del suelo y se alimentan de materia orgánica, además de raíces vivas o muertas, tienen musculatura excavadora bien desarrollada. De acuerdo al uso del recurso se pueden clasificar en: polihúmicas, mesohúmicas y oligohúmicas.

2.5.3. Caracteres generales

La lombriz es un animal alargado, de cuerpo cilíndrico, anillado y su longitud en estado adulto varía entre 5 y 45 cm, en dependencia de la especie. Su cuerpo está revestido por una fina cutícula que lo protege de la desecación y todos sus anillos (segmentos o metámeros) son iguales, excepto el primero (prostomio), que contiene la boca y el último (pigidio) donde se encuentra el ano. Los anélidos presentan sistemas de órganos, los cuales están incluidos en la cavidad del cuerpo o celoma, que contiene el líquido celómico o sangre, que actúa como esqueleto y no es comprimible. En la fase de madurez sexual aparece una zona glandular diferenciada que se denomina clitelo y está relacionada con la reproducción y puesta de los capullos (Mejías, 2002) (Figura 1).

Figura 1. Anatomía de una lombriz de tierra mostrando los órganos y estructuras de su cuerpo.

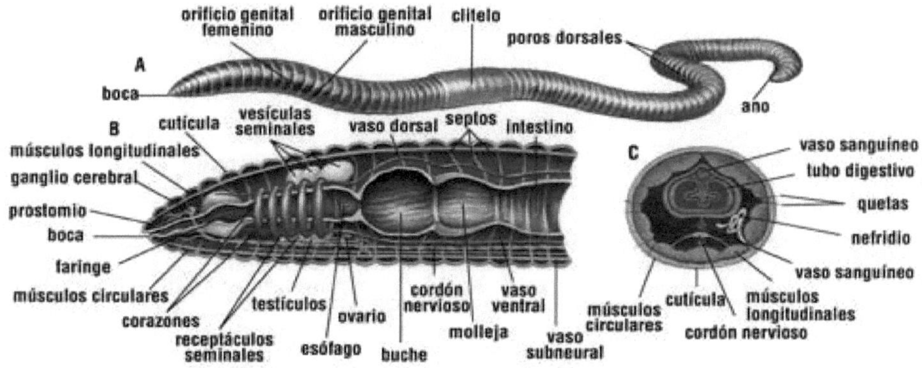

2.5.4. Ciclo y condiciones de vida

El ciclo y las condiciones de vida varían en dependencia de la especie. En general, bajo condiciones favorables cada lombriz puede producir dos capullos por semana, mientras que cada capullo puede dar lugar desde dos hasta 20 individuos; los cuales, después de tres meses se covierten en lombrices sexualmente maduras. A partir de entonces pueden aparearse con un intervalo de siete días y en forma regular tarda en reproducirse hasta 60 semanas. De esta forma una lombriz puede producir aproximadamente 1500 crías en un año (Cuevas, 2005).

La *Eisenia foetida* madura sexualmente a los dos meses de vida, lo cual viene indicado por la aparición del clitelo. El acoplamiento de dos lombrices se efectúa con no menos de 7 días entre uno y otro, del cual se obtienen 1 ó 2 capullos por cada lombriz. Si las condiciones del medio son óptimas, después de 14 a 21 días de incubación, el capullo eclosiona y nacen entre 2 y 9 lombricillas (por lo general entre 2 y 4), de color rosado pálido translúcido, en condiciones de moverse y nutrirse de inmediato. Las lombrices juveniles alcanzan su madurez sexual entre 45 y 90 días de su nacimiento dependiendo de las condiciones del cultivo. La *Eudrilus eugeniae*, por lo general, la producción de capullos por semana es de 1 a 2, los cuales eclosionan entre 15 y 30 días, produciendo cada individuo entre 2 y 5 descendientes. De manera similar, las lombrices alcanzan su madurez entre 32 y 90 días, dependiendo de las condiciones del cultivo.

Como se mencionó anteriormente, las especies de lombrices de interés para la lombricultura son adaptables y pueden vivir y reproducirse en diferentes condiciones ecológicas. No obstante, como todo organismo vivo, requieren para su óptimo desarrollo condiciones bien definidas, la mayoría de las cuales pueden ser controladas por el hombre; estas son fundamentalmente la temperatura, el pH, la humedad y la alimentación adecuada. Cuando las lombrices están en los rangos óptimos de dichos parámetros son capaces de vivir, reproducirse y producir humus.

Bajo condiciones desfavorables, inicialmente las lombrices sólo se alimentan, pero no se reproducen, por lo que el crecimiento poblacional se detiene y en consencuencia disminuye la producción de humus. Si las condiciones de vida se hacen más adversas, las lombrices entran en latencia y sólo se alimentarán para sobrevivir, pero ni se reproducen ni producen humus. En estas condiciones de cultivo sólo quedarán lombrices juveniles, que son más resistentes que las adultas. Por último, ante condiciones extremas se produce la muerte inminente de las lombrices. En función de lo señalado, un productor con suficiente experiencia en el cultivo, por apreciación visual de la población de lombrices, puede detectar cualquier problema que afecte el desarrollo del mismo y puede tomar las medidas necesarias para solucionarlo a tiempo.

2.5.5. Enemigos naturales

El principal enemigo de la lombriz es el hombre. En estado silvestre, el uso de herbicidas, plaguicidas y fertilizantes químicos provocan afectaciones fisiológicas y transtornos que ocasionan la muerte del individuo. En condiciones de criadero, la presencia de depredadores es, en la mayoría de los casos, un indicador de un manejo incorrecto por parte del lombricultor, por lo general la baja humedad y los lechos muy ácidos.

Los ratones, aves y ranas, son los principales vertebrados que amenazan a las lombrices en los criaderos. Se pueden controlar colocando redes o cubiertas aireadas protectoras sobre los canteros. En países templados, los topos son muy peligrosos y pueden destruir cultivos enteros. Pueden evitarse colocando las literas sobre planchas, lonas resistentes, redes metálicas con malla muy estrecha, cemento o ladrillos con el objetivo de construir un pavimento que evite que el topo lo pueda atravesar.

Existe un gran número de invertebrados que son depredadores de las lombrices como hormigas, ácaros, tijeretas, ciempiés, etc. Las hormigas pueden provocar daños considerables al establecerse en colonias de alta densidad en canteros con humedad baja. Por lo general, estos depredadores se suelen controlar manteniendo la humedad del sustrato por encima del 80 % y un pH superior a 7.0.

En países tropicales y subtropicales, la planaria *(Bipalium kewense* Moseley) es, sin lugar a dudas, la plaga de mayor importancia dentro de los canteros. Las unidades infestadas no pueden entregar bajo ningún concepto pie de cría a otras, hasta tanto no exista pleno convencimiento de su erradicación. Se deben acentuar las medidas de higiene del personal y limpieza de los instrumentos, para evitar el traslado de la infestación a otras áreas. El aumento del pH en el sustrato hasta valores de 7,5 a 8,0 puede controlar a este parásito (Díaz, 2002).

2.5.6. Fauna asociada

La descomposición de la materia orgánica comienza desde que se conforman los depósitos con diferentes tipos de residuales para el fomento de la lombricultura. En este proceso participan muchos organismos que colonizan este sustrato para alimentarse de la materia orgánica o utilizarlo como refugio. Un ejemplo son los organismos detritófagos como cochinillas u otros artrópodos que pueden competir con las lombrices por el alimento, pero sin causar daños directamente. En todos los cultivos se asocian otros invertebrados y microorganismos que participan en la descomposición del sustrato orgánico. Es importante destacar que en un cultivo correctamente manejado, ninguno de los organismos mencionados es capaz de competir o causar daños significativos.

2.5.7. Principales especies utilizadas para la lombricultura

Las especies más utilizadas son: *Eisenia foetida* (Roja californiana), *Eudrilus eugeniae* (Roja africana), *Eisenia andrei*, *Perionyx excavatus* y *Lumbricus rebellus* (Mejías, 2000). *Eisenia foetida* S. o lombriz roja californiana (Figura 2), ha sido la especie más utilizada en lombricultura. Suele tener en estado adulto una longitud entre 5 y 9 cm con un diámetro entre 3 y 5 mm. Posee un color característico de color púrpura o rojo oscuro y puede alcanzar entre 1 y 1,2 *g* de peso en condiciones óptimas. El número de segmentos varía entre 80 y 120 con un promedio de 95. Cuando son adultas presentan un clitelo o abultamiento en forma de silla de montar situado entre los segmentos 24 al 32. En el clitelo se localizan sus órganos sexuales, tanto masculinos como femeninos.

Eisenia foetida es una lombriz extraordinariamente prolífera, muy vivaz, resistente al estrés (tal vez como ninguna otra), y se ha logrado que produzca humus en densidades de 50 000 a 60 000 lombrices por metro cuadrado, cifra que ninguna otra lombriz salvaje puede resistir en estas condiciones. Esta especie vive en cautiverio sin moverse de su lecho, madura sexualmente entre el segundo y tercer mes de vida. Deposita cada siete a diez días una cápsula con un contenido promedio de 10 huevos y puede llegar hasta 20, los que después de 14 a 21 días de incubación eclosionan, originando lombrices en condiciones de moverse y nutrirse de inmediato (Mejías, 2000).

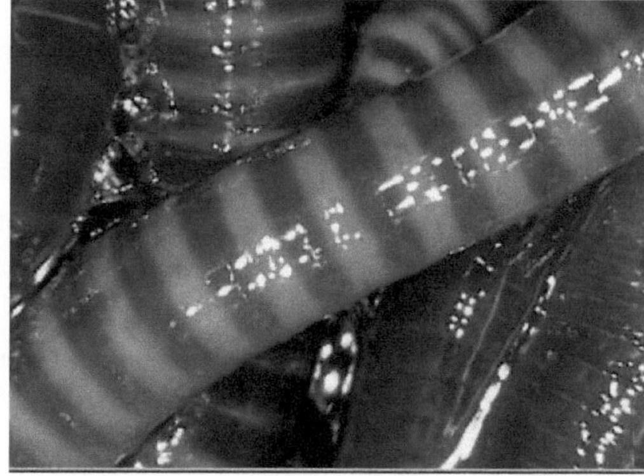

Figura 2. *Eisenia foetida*. Izquierda: grupo de individuos adultos. Derecha: lombrices con patrones de bandas coloreadas característicos de algunas poblaciones.

Eudrilus eugeniae o lombriz roja africana (Figura 3), es otra especie muy utilizada en la producción de humus. Supera en tamaño a la Roja Californiana y los individuos en estado adulto alcanzan entre 15 y 20 cm. Es de color rojo púrpura oscura y su peso puede superar los 3 g. Su clitelo se localiza más cerca del prostomio y presenta una cola (pigidio) redondeada.

Figura 3. *Eudrilus eugeniae.* Grupo de individuos adultos.

2.5.8. Importancia de la lombriz de tierra en la descomposición de la materia orgánica

Dentro de las diferentes comunidades de organismos, el grupo que tiene mayor efecto en la modificación de las propiedades físico-químicas y biológicas de los suelos lo constituye la macrofauna y megafauna, que comprende a todos los animales con tamaños entre 2-20 mm y superior a 20 mm, respectivamente, entre los que se incluyen isópodos, anfípodos, quilópodos, diplópodos, coleópteros, arácnidos y lombrices de tierra (Hernández *et al.*, 2012). Las lombrices de tierra pueden llegar a aportar hasta el 70% de la biomasa de invertebrados. De hecho, en muchas sabanas tropicales las comunidades de lombrices de tierra tienen un papel predominante y son reguladoras importantes de la estructura del suelo y de la dinámica de la materia orgánica (Decaëns *et al.*, 2004).

Entre los efectos beneficiosos de las lombrices se incluyen:

- Mejoran algunas propiedades físicas del suelo como: la estructura, la turbación, la capacidad de retención de agua, el drenaje y la formación y degradación de agregados (Blanchart *et al.*, 1999).

- Provocan efectos químicos y biológicos en la degradación de la materia orgánica y el ciclado de los nutrientes, así como en la composición y la actividad de los microorganismos y otros invertebrados del suelo (Lavelle y Spain, 2001).

Todos estos procesos contribuyen de manera significativa a la fertilidad del suelo mediante la liberación de nutrientes (P y N) en formas disponibles para las plantas, lo cual favorece el crecimiento vegetal y la productividad de los cultivos (Chaoui *et al.*, 2003, Jiménez *et al.*, 2003, Baker, 2007).

La descomposición natural de los residuos orgánicos es un proceso que lleva tiempo, por ello el vermicompostaje es un mecanismo que contribuye a acelerar dicho proceso, la capacidad que tiene la lombriz de tierra como un organismo adicional a estos sistemas biotecnológicos resulta de gran importancia, ya que desde la antigüedad la lombriz era conocida como "arado" o "intestino de la tierra" (Aristóteles) y hasta finales del siglo pasado, en la primer edición del libro *la formación del humus vegetal,* Darwin explica el papel que desempeñan las lombrices en la transformación del suelo (Luévano *et al.*, 2001; Delgado *et al.*, 2004). La materia prima que se utiliza durante el vermicomposteo son residuos orgánicos: estiércol, residuos de cultivos, aguas negras, desechos domésticos, lodos, etc.

Estos residuos los descomponen para convertirlos en humus rico en elementos nutritivos (Moreno *et al.*, 2005). La utilización de estiércol en el vermicompostaje es variable, ya que son materiales muy heterogéneos debido a la influencia del grado de descomposición del material, tipo de animal del que provienen, así como el manejo que se les da a los animales y al estiércol. Los residuos de jardín o cosechas pueden enriquecerse con otros materiales cuyo contenido nutritivo sea más favorable, por ejemplo, el estiércol y la orina (Sánchez *et al.*, 2005). Las lombrices prefieren los suelos con abudante arcilla y con un alto contenido de materia orgánica, y por lo general son escasas tanto en suelos arenosos como en suelos fuertemente ácidos.

La capacidad de las lombrices de barrenar el suelo y depositar sus excreciones en las galerías que forman, influye favorablemente sobre las propiedades físicas del mismo, favoreciendo la formación de agregados estables. Las lombrices de tierra garantizan la aireación y favorecen la infiltración del agua. Se estima que el 5 % del volumen total de los suelos agrícolas es barrenado, lo que permite un aumento significativo de su porosidad. Durante su movimiento las lombrices mezclan la materia orgánica con los componentes minerales del suelo, lo cual crea condiciones favorables para el crecimiento de las plantas.

Se puede afirmar que las lombrices son verdaderas agricultoras naturales, capaces de labrar y fertilizar la tierra. La presencia de lombrices y deyecciones de las mismas en la superficie de los suelos es síntoma de actividad y fertilidad del sistema. Las lombrices también influyen sobre las características químicas del suelo, ya que una vez que ingieren y digieren la materia orgánica, la depositan en éste, lo que permite una mejor distribución de los elementos nutritivos disponibles para las plantas. Con su movimiento, las lombrices redistribuyen estos elementos y otros materiales desde la superficie hasta las profundidades de los suelos, y viceversa.

La población de lombrices en los suelos aumenta considerablemente como consecuencia del manejo conservacionista, fundamentalmente con la introducción de sistemas de labranza reducida y poco profunda, así como con la rotación y el uso de cultivos cobertores. De igual forma aumenta con el incremento del abonado orgánico y la disminución del uso de agroquímicos. La cantidad de galerías que las lombrices son capaces de abrir en un suelo depende de la especie, así como de las características propias del suelo, del tipo de labranza empleada y de la aplicación de fertilizantes minerales y otros agroquímicos.

Las excreciones de las lombrices, que están compuestas por un complejo de materia orgánica y suelo digerido, se encuentran por lo general en la superficie del suelo o en las galerías. Es conocido que la excreta de lombriz está compuesta por una alta proporción de complejo humus-arcilla, lo que confiere al suelo una mayor retención de humedad y mayor protección contra la erosión.

Generalmente se considera que, de la compleja fauna del suelo, la lombriz es el animal que consume mayor cantidad de materia orgánica. Cuando existe una concentración elevada de lombrices en el suelo, los procesos de mineralización y síntesis de humus se aceleran, debido a la acción que ejercen los microorganismos asociados a las excretas de estos animales.

Entre las características principales de las lombrices que propician el desarrollo de los sistemas de lombricultura se encuentran:

- Son ubicuas y colonizan diversos residuos orgánicos de forma natural.
- Toleran amplios rangos de temperaturas y humedad.
- Son fuertes, resistentes y fáciles de manejar.
- Poseen una elevada tasa de reproducción.
- Son colonizadoras efectivas de todo tipo de ambientes ricos en materia orgánica.
- Pueden adaptarse a vivir en cautiverio sin fugarse de su lecho, independientemente de las condiciones del clima y la altitud.
- Consumen diariamente una cantidad de residuos equivalente, prácticamente, a su propio peso.

3. MATERIALES Y MÉTODOS

3.1. Materiales

Se utilizó como material orgánico para la preparación de per compost vacaza, cerdaza y gallinaza, las cuales fueron obtenidas a partir de los residuos de la finca "Maríantonia" localizada en el sector de la Guamita, estado Cojedes, lugar donde se colectaron las lombrices nativas empleadas para la obtención del humus.

3.2. Características de la zona experimental

La investigación se realizó en la granja integral Mariantonia, en el sector "El pernal" de la Guamita, municipio Tinaquillo perteneciente al estado Cojedes, de la República Bolivariana de Venezuela, con las siguientes coordenadas geográficas: latitud norte 9° 50` 33,9'' longitud oeste 68° 20' 54,9'' y una altura de 401 ml/n.m. La región presenta características típicas del trópico (zona cálida) con un clima subtropical lluvioso con temperaturas anuales entre 26 y 28°C. Las precipitaciones medias fueron entre 1.600 a 1.100 mm con una estación seca de noviembre a abril y una lluviosa de mayo a octubre. Los índices de evaporación más altos se presentan en febrero, marzo y abril. En el resto del año se mantienen de manera uniforme. La humedad relativa promedio anual es de 62 %. La vegetación presente está conformada por especies de bosque tropical seco.

3.3. Estudio del desarrollo de la lombriz de tierra nativa en diferentes sustratos

La investigación se condujo a través de la siguiente secuencia de pasos (Figura 4):

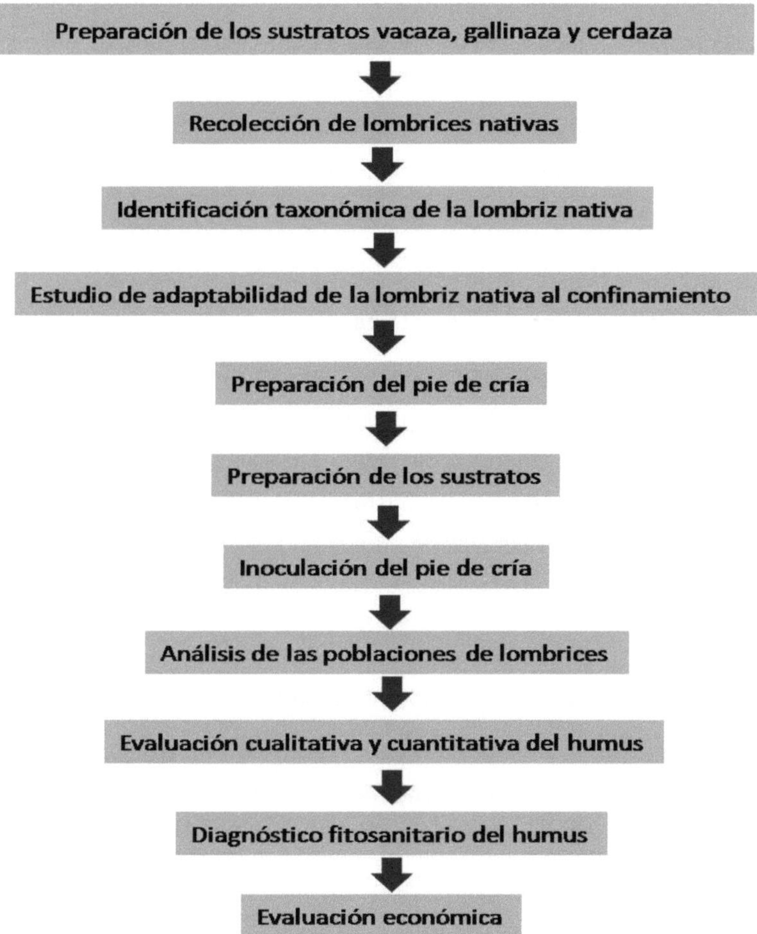

Figura 4. Esquema general del trabajo para la adaptación de la lombriz nativa, producción de humus y evaluación de la calidad del mismo.

Diseño: Álvarez (2013)

3.4. Preparación de los sustratos vacaza, gallinaza y cerdaza

Los estiércoles de vacaza, gallinasa y cerdaza fueron separados del lugar de colecta y colocados en condiciones de sombra y humedad durante 20 días, con el objetivo de estabilizar el pH cercano en un rango de 6,7 - 7,3 (Pineda, 2006). Posterior a este tiempo se colocaron los sustratos en un recipiente que contenía lombrices para verificar si se introducían en el medio y se alimentaban, como un indicador de que el sustrato se encuentraba en buenas condiciones.

3.5. Recolección de las lombrices nativas

Para la recolección de las lombrices nativas se utilizaron mallas plásticas (sacos para verduras) con sustrato compuesto de vacaza y gallinaza en una proporción 1:1. Los sacos fueron colocados en áreas sombreadas con alta humedad. A los 30 días se retiraron los mismos y se extrajeron las lombrices, las cuales fueron mantenidas en condiciones óptimas de alimentación hasta el inicio del experimento.

3.6. Identificación taxonómica de la lombriz nativa

La identificación de la lombriz nativa se realizó con el auxilio de una clave dicotómica para la identificación de especies de la familia Lumbricidae (Lainez y Jordana, 1987). Los individuos fueron observados mediante un estereoscopio (Colpostar v6).

De manera complementaria se realizó un análisis comparativo de los caracteres observados, con los descritos para las especies comunes que se utilizan en la lumbricultura y que están presentes en el país. El análisis se basó en la observación de los siguientes caracteres diagnósticos de tipo morfológico y conductural (Abdullah y Saywack, 2011):

- Color del cuerpo.
- Longitud del cuerpo.
- Número de segmentos.
- Forma del peristomio.
- Forma, longitud y posición del clitelo.
- Hábitat (epígeas, anécicas y endógeas) (García, 2006).
- Movimiento al desplazarse por el sustrato.

3.7. Estudio de la adaptabilidad de lombriz nativa al confinamiento

Con el objetivo de establecer las condiciones adecuadas para mantener la lombriz nativa en confinamiento, se diseñó un experimento para evaluar la adaptabilidad. Para ello se prepararon 10 envases de plástico con capacidad de 20 L con orificio de la base para el drenaje de líquidos (Figura 5), en los cuales se colocó 0,5 Kg de grava y 0,5 Kg de arena, y encima una capa uniforme de suelo franco arcilloso de 5 cm de altura. En la parte superior se colocó una mezcla de vacaza-gallinaza-hojarasca en una proporción 1:1:1.

Figura 5. Envases plásticos de 20 L (0,03 m^3) utilizados para el estudio de adaptabilidad de la lombriz en confinamiento.

Diseño: Álvarez (2013)

Se inocularon 20 lombrices adultas (densidad de 1330 individuos m^{-3}) en cada recipiente, las cuales fueron alimentadas cada 10 días, con una mezcla similar a la que se colocó en la capa superior del envase. El sustrato se humedeció cada 2 días para mantener la humedad adecuada de aproximadamente al 75 % según el método descrito por Restrepo (1996) y una temperatura promedio de 26 °C (Giulietti *et al.*, 2008), la cual fue determinada con el empleo de un termómetro (Figura 6).

Figura 6. Medición de la temperatura al sustrato utilizando un termómetro.

De manera similar se monitorió el pH para mantenerlo en un rango óptimo entre 6,5 y 7,5 (Schuldt, 2001), el cual fue determinado por el método semicuantitativo del papel tornasol. Para ello se introdujo el papel en la materia orgánica, se realizó presión sobre el mismo para humederlo y posteriormente se procedió a la lectura (Zarela *et al.*, 1993). Las lombrices se monitorearon cada 2 días para determinar la presencia de las mismas mediante la remoción del sustrato de forma manual.

A los 120 días de inoculadas las lombrices se procedió al conteo de las mismas, las cuales fueron incluidas en cuatro categorías por su longitud (<2,5; 2,5-4,5; 4,5-5,5; >5,5).

3.8. Preparación del pie de cría

Una vez que se determinaron las condiciones en las cuales las lombrices nativas se adaptaban al confinamiento, se procedió a fomentar el pie de cría que será utilizado para la obtención del humus. Se utilizaron cuatro recipientes plásticos con capacidad de 100 L (0,15 m^3) cada uno (Figura 7), a los cuales se adicionaron capas con los mismos elementos del ensayo anterior en las siguientes cantidades: 10 cm de grava (en la base del recipiente), 10 cm de arena (en el medio) y 10 cm una mezca de tierra-vacaza-hojaraza en la parte superior en una proporción 1:1:1.

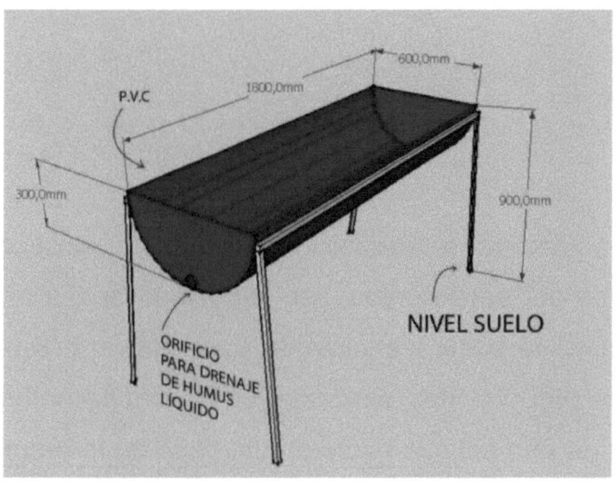

Figura 7. Envases utilizados para la preparación del pie de cría. Izquierda: esquema, derecha: fotografía con sustrato.

Diseño: Álvarez (2013)

Posteriormente se colocaron 100 lombrices en cada envase (1000 individuos m^{-3}) y los recipientes se colocaron en un área de sombra para disminuir la temperatura y retener la humedad del sustrato. Las lombrices fueron alimentadas durante cuatro meses a intervalos de 10 días, con una mezcla de 5 Kg de vacaza-gallinaza-hojarasca, en una proporción 1:1:1 y el sustrato se regó cada tres días aproximadamente para mantener la humedad entre 70 y 75%.

3.9. Sustratos utilizados para la producción de humus

Se utilizaron tres tipos de sustratos (tratamientos) con las siguientes proporciones:

A. Gallinaza: 5 Kg (gallinaza): 1 Kg hojarasca.
B. Vacaza: 5 Kg (vacaza): 1 Kg hojarasca.
C. Cerdaza: 5 Kg (cerdaza): 1 Kg hojarasca.

3.10. Inoculación del pie de cría

3.10.1. Envase

Para la reproducción de la lombriz se utilizaron envases de plástico tipo piramidal (Figura 8, Anexo 1) (tres por tratamientos) con capacidad de 0,1 m^3, que contenían 26 Kg de suelo seco en la base y encima se depositaron 6 Kg de la mezcla excreta/hojarasca en las proporciones descritas en el acápite anterior. A los 30 días se adicionaron 4 Kg de una mezcla excreta/hojarasca en la proporción 3:1.

Figura 8. Recipiente utilizado para la reproducción de la lombriz nativa. A: Fotografía mostrando el lugar donde se mantuvieron durante el experimento, B: foto apliada del recipiente.

Diseño: Álvarez (2013)

3.10.2. Inoculación

Se coloraron 50 individuos de 5 cm de largo y 3 mm de grosor como promedio en cada recipiente y distribuidos de manera aleatoria. Los envases se colocaron durante los tres meses de estudio en condiciones de sombra y humedad óptima, para ello se realizaron riegos por aspersión para mantener la humedad del sustrato entre 70 y 75 %.

3.10.3. Análisis de las poblaciones obtenidas

Las lombrices fueron extraídas de los sustratos a los 90 días de inoculadas. Para ello se aplicó una técnica similar a la utilizada para la captura de los individuos iniciales (acápite 3.5). Los indicadores poblacionales que se analizaron fueron los siguientes:

- Individuos totales: se determinó a partir de 1 Kg de sustrato tomado al azar y se multiplicó por el peso total del sustrato.

- Tasa de reproducción: expresada como la proporción entre cantidad total de individuos observados y el número de lombrices inoculadas por tratamiento.
- Porcentaje de individuos por estadios: juveniles (), sub-adultos () y adultos ().

3.11. Evaluación cualitativa y cuantitativa del humus

Se colectaron 2 Kg de humus por cada tratamiento. Para ello se tomaron de cada tratamiento fracciones de 0,66 Kg de humus correspondientes a cada réplica y se utilizó humus de ovejo como control. Las muestras fueron transferidas al Laboratorio de Suelo, Dpto. Suelos y Agua, EDIAGRO, del municipio San Carlos, Estado Cojedes, para la determinación de los siguientes elementos:

Análisis mecánico:

- Porcentaje de arena.
- Porcentaje de Limo.
- Porcentaje de arcilla.

Análisis químico:

- Fósforo (ppm).
- Potasio (ppm).
- Calcio (ppm).
- Materia orgánica (%).
- pH.
- C.E.

Las determinaciones fueron realizadas según PNO de La Salle (2013).

3.12. Diagnóstico fitosanitario del humus

Para el análisis fitosanitario se tomaron muestras de los tres tratamientos, las cuales fueron trasladadas al Laboratorio de Diagnóstico Fito y Zoosanitario "Paula Correa Rodríguez", perteneciente al Instituto Nacional de Salud Agrícola Integral, estado Cojedes (INSAI, 2013).

Se avaló la presencia de nemátodos parasitarios y de vida libre, así como la presencia de plagas insectiles de importancia económica.

3.13. Análisis económico

La evaluación económica del trabajo incluyó el análisis del beneficio neto (ganancia total – costos totales) del experimento, así como de la producción de humus en un año, durante el cual se pueden efectuar 4 producciones de una tonelada cada una, ya que el período de humificación demora tres meses.

Para la realización de los cálculos se tuvo encuenta los gastos por concepto de insumos, pago a la mano de obra y el análisis químicos, mecánico y fitosanitario de las muestras. De manera similar, se consideró la ganancia a partir de la producción del humus de lombriz obtenida en función de los precios actuales en el mercado.

Finalmente se realizó una valoración cualitativa del impacto medio ambiental y social de la producción de humus.

3.14. Diseño experimental y procesamiento estadístico

Los ensayos se desarrollaron según un diseño completamente aleatorizado con tres repeticiones. Para los análisis morfológicos se tomaron 20 individuos por tratamientos. En el caso de los análisis químico y mecánico del humus se realizaron a partir de tres muestras diferentes por tratamiento.

Los datos fueron procesados según paquete Statgraphic plus 5.1 sobre WINDOW, determinándose el ajuste a una Distribución Normal mediante la prueba de Bondad de Ajuste Kolmogorov-Smirnov y la Homogeneidad de Varianza mediante las Pruebas de Bartlett (Sigarroa, 1985). Específicamente se aplicaron el Análisis de Varianza y el examen de las Diferencias Mínimas Significativas (DMS) de Tukey y un nivel de significación $\alpha = 0{,}05$.

En los casos en que los datos cumplieron los requisitos exigidos se procesaron mediante ANOVA de clasificación simple, así como la Prueba de Rangos Múltiples de Duncan, según correspondiera. Los datos que no cumplieron con estas premisas fueron comparados mediante la Prueba de Kruskal-Wallis y la Prueba de Rangos Múltiples de Student-Newman-Kwels (SNK).

4. RESULTADOS Y DISCUSIÓN

4.1. Recolección y clasificación de la lombriz nativa

A partir de la mezcla vacaza-gallinaza contenidas en sacos de malla se logró recolectar en el período de 30 días, 1323 individuos en diferentes estadios (juveniles y adultos) y con longitudes que oscilaban entre 3 y 10 cm.

Con las características del clitelo se identificó la especie nativa como *Lombricus terrestris* L., conocida como la lombriz de tierra común y perteneciente a la familia Lumbricidae (Lainez y Jordana, 1987).

Los miembros de la familia Lumbricidae se caracterizan morfológicamente por la presencia de un clitelo con múltiples capas y esta estructura presenta una gran importancia para clasificación taxonómica de los anélidos (Pérez-Losada *et al.*, 2012).

En aras de corroborar la información obtenida mediante la clave dicotómica, se analizaron otros aspectos de la morfología y el comportamiento de la lombriz nativa. A continuación, se muestran las características observadas (Figura 9):

- Color del cuerpo: pardo-rojizo oscuro.
- Forma del cuerpo: sigmoidal.
- Longitud promedio del cuerpo: 15 cm.
- Número de segmentos: 125
- Forma, longitud y posición del clitelo: 15 - 20 segmentos de prostomio, cilíndrico.
- Número y posición de las setas: dispuesta en pares en posición ventral o ventro-lateral en cada segmento.
- Hábitat: anécicas con aparato excavador desarrollado.
- Movimiento: lentos.

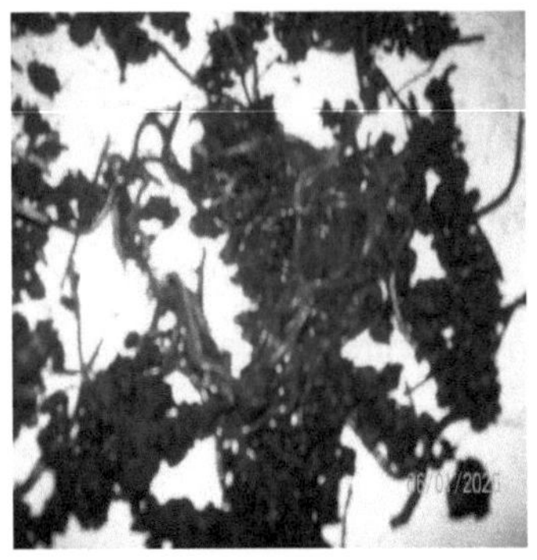

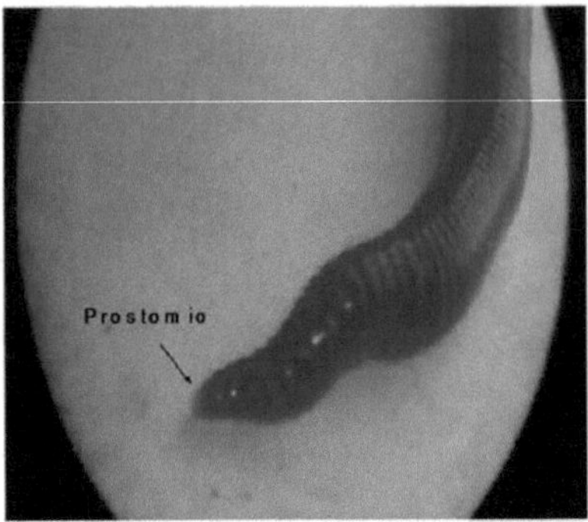

Figura 9. Fotografía de la lombriz nativa recolectada. Izquierda: población de lombrices juveniles y adultas mostrando el color rojizo típico de la familia Lumbricidae. Derecha: fotografía de un ejemplar adulto, aumento (5X).

Estos datos concuerdan con los caracteres diagósticos de la familia Lumbricidae. Entre las especies cosmopolitas que abundan en Venezuela se encuentra *Lumbricus terrestris* (lombriz común), *Eisenia foetida* (roja californiana) y *Eudrilus eugeneae* (roja africana), estas últimas cosmopolitas por su uso extensivo en la lombricultura. Como resultado del análisis comparativo se pudo descartar la especie *Eudrilus eugeneae,* ya que la misma pertenece a la familia Eudrilidae, con caracteres diferentes como la distribución de las setas en forma de anillo alrededor del cuerpo, que no fue observada en la especie nativa (Edwards y Bohlen, 1996).

Los caracteres observados permitieron descartar también a la roja california (perteneciente también a la familia Lumbricidae), ya que esta posee un color púrpura, o rojo oscuro característico. Además, cuando se presionó el cuerpo del animal no se detectó el olor fétido típico de roja californiana que da nombre a la especie (Edwards y Bohlen, 1996). Por otra parte, tanto la roja californiana como la africana, son epígeas (Ismail, 1997, 2005), mientras que la nativa mostró un comportamiento anécico típico de la lombriz de tierra común *Lombricus terrestris*

L. (Römbke *et al.*, 2005; Domínguez y Gómez-Brandón, 2010). De manera adicional, se observó una baja tasa reproductiva típica de este género.

Es importante resaltar que aún cuando se ha estudiando por más de 130 años la familia Lumbricidae por su importancia ecológica, todavía no se ha logrado un consenso acerca de la clasificación de la familia Lumbricidae, con un grupo de géneros propuestos entre 6 y 14 en estudios clásicos (Omodeo, 1956; Bouché, 1972), mientras que en investigaciones recientes se considera que la familia abarca entre 31 y 45 géneros (Qiu y Bouché, 1998; Csuzdi y Zicsi, 2003).

4.2. Adaptación de la lombriz nativa a condiciones de confinamiento

El período de preparación o adaptación del pie de cría que tuvo una duración de 120 días, mostró que las condiciones suministradas de humedad (75 %), temperatura (26°C), alimentación y densidad (1330 individuos m^{-3}) propiciaron condiciones idóneas para el crecimiento y desarrollo de las lombrices. De un total de 200 individuos inoculados se obtuvieron 1657 distribuidos como se observa en la Figura 10.

Como se puede observar la menor cantidad de individuos se encontraron en el rango de longitud por encima de los 5,5 cm, mientras que en los restantes rangos la distribución fue homogénea. Un aspecto importante, fue que no se encontraron individuos con longitudes superiores a 5,5 cm en tres de los recipientes muestreados, lo cual puede ser un indicativo que hubo migración o no se adaptaron totalmente a las condiciones de confinamiento.

Otro aspecto significativo fue que no se observó mortalidad, lo cual evidencia que las condiciones no fueron estresantes y las lombrices se alimentaron adecuadamente.

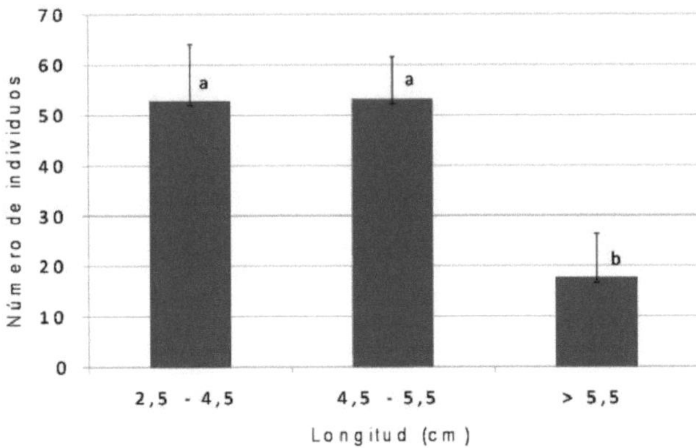

Figura 10. Distribución de individuos por rango de longitud luego de 120 días de cría en condiciones de confinamiento.

4.3. Obtención del pie de cría

Con el objetivo de lograr una mayor adaptabilidad y preparar las lombrices para la producción de humus, se disminuyó la densidad de individuos (1000 individuos m^{-3}), con las mismas condiciones de sustrato, humedad y temperatura (Figura 11).

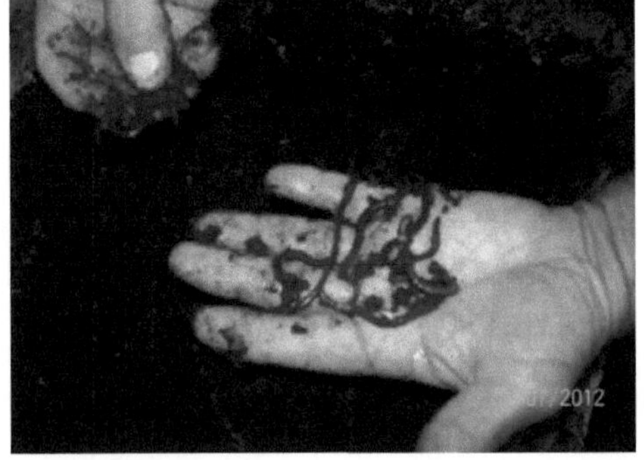

Figura 11. Envases utilizados en el segundo período de adaptación de las lombrices. Izquierda: envases con sustratos, derecha: individuos adultos obtenidos a los 120 días de inoculados.

Al concluir el experimento se pudo observar una composición homogénea de individuos en diferentes estadios de vida en los diferentes envases utilizados, lo cual puede ser un indicativo de que la densidad y el tiempo desempeñan funciones importantes en la adaptación al confinamiento de estas lombrices.

Bernier y Ponge (1998), en un estudio comparativo sobre el efecto de la densidad en la producción de humus utilizando *Lombricus terrestris*, en condiciones naturales y en recipientes, obtuvieron los mayores rendimientos empleando densidades en un rango similar. Dicha investigación evidenció que controlando la densidad es posible obtener resultados similares tanto en recipientes como en condiciones de campo.

4.4. Evaluación de las poblaciones obtenidas

La Figura 12 muestra el número de individuos totales a los 90 días de la inoculación. Como se puede observar, los mejores resultados se obtuvieron en el tratamiento con vacaza con un promedio de 3428, seguido de gallinaza (1224) y cerdaza (112). Las tasas de reproducción fueron de 34,3:1; 12,3:1 y 1,1:1, respectivamente. Los resultados superiores obtenidos con vacaza pueden estar asociados a la digestibilidad de este material por proceder de un rumiante, en el cual desempeña una función importante la microflora del rumen.

En el caso de la cerdaza se obtuvo una baja población de lombrices, lo cual puede estar asociado a la presencia de planarias que fueron observadas en el sustrato. Este parásito crece en sustratos ácidos y se adhiere al epitelio de lombriz succionando los fluidos corporales provocando la muerte del animal (Díaz, 2002;

Niño y Robert, 2013). Otros depredadores detectados fueron los quilópodos que también son enemigos naturales de las lombrices de tierra.

Resultados similares fueron obtenidos por García *et al.* (1996) y Rodríguez (1999) en un estudio comparativo de humus con diferentes sustratos como vacaza, gallinaza, cerdaza, hojarasca etc., y utilizando la lombriz roja californiana para este propósito. En ambos casos la mayor cantidad de individos totales se obtuvieron en el sustrato con vacaza, estadísticamente superiores al resto de los sustratos empleados.

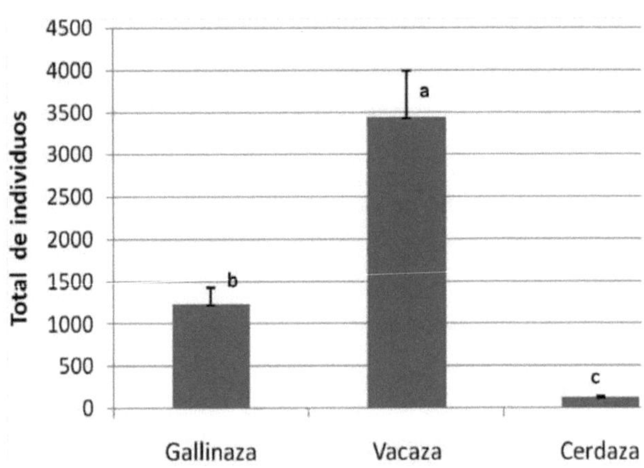

Figura 12. Total de individuos por tratamientos. Letras diferentes indican difererencias significativas según test de Duncan (α<0,05).

El estudio del porcentaje de individuos en los diferentes estadios: juveniles, subadultos y adultos se muestra en la Figura 13. Como se puede constatar no hubo diferencias significativas entre los estadios para un mismo sustrato, ni tampoco entre estadios iguales de diferentes sustratos o tratamientos.

Estos resultados muestran que los individuos adultos inoculados en los distintos sustratos, fueron capaces de alimentarse y reproducirse de manera tal, que en cada sustrato se alcanzó una equidad entre los diferentes estadios de vida de la lombriz (Figura 14). De igual forma, se pudo observar numerosos capullos o cocones en ambos tratamientos como un indicador de las potenciales reproductivas que alcanzaron las lombrices en los sustratos empleados.

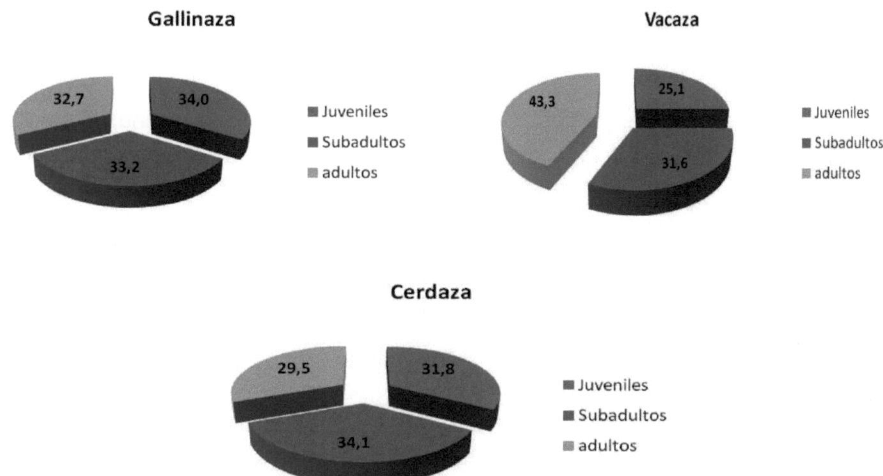

Figura 13. Porcentaje de individuos en diferentes estadios obtenidos en los sustratos vacaza, gallinaza y cerdaza.

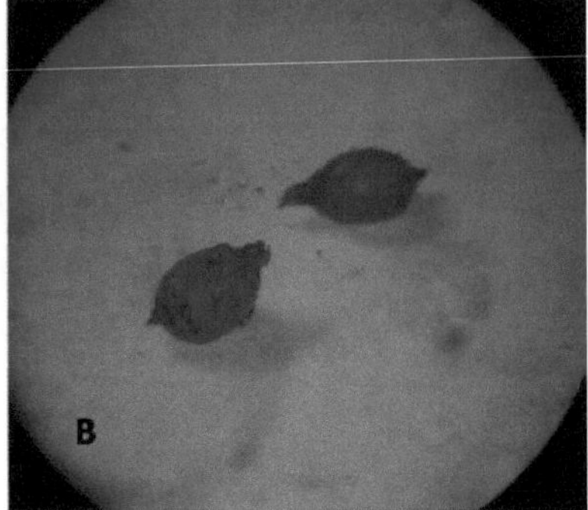

Figura 14. Lombrices y capullos observados en el sustrato gallinaza al concluir el experimento. Derecha: individuos juveniles y adultos. Izquierda: capullos o cocones.

4.5. Evaluación mecánica y química del humus

4.5.1. Análisis mecánico

Como resultado de la actividad de las lombrices se obtuvo 24 Kg aproximadamente (12 Kg a partir de vacaza y 12 Kg de gallinaza) con un porcentaje de biotransformación del sustrato en humus de un 87, 5. En el caso del sustrato cerdaza, debido al poco crecimiento desarrollo de las lombrices, no se obtuvo humus.

El humus obtenido tanto de vacaza como de gallinaza fue de color café oscuro, granulado y homogéneo (Figura 15).

Figura 15. Humus de lombriz proveniente de los tratamientos con vacaza y gallinaza, mostrando el color café oscuro característico.

Esta coloración pardo oscura observada puede ser un indicador de que hubo una mezcla en el tracto digestivo de la lombriz de materia orgánica y tierra, lo cual puede estar asociado al comportamiento de esta lombriz, la cual se considera anécicas; es decir, se alimentan de la materia orgánica presente en la superficie, pero también la mezclan con el suelo, ya que tienen una musculatura excavadora desarrollada que les permite realizar túneles verticales semipermanentes.

Los datos obtenidos de la evaluación mecánica se muestran en la Tabla 2. Los resultados muestran un consumo de arena, limo y arcilla por parte de las lombrices, provenientes de la tierra colocada en la base del recipiente, lo cual indica que se crearon condiciones adecuadas para que las lombrices tuvieran un comportamiento normal, al penetrar en la capa de tierra y realizar la función de humificación del sustrato.

Tabla 2. Análisis mecánico del humus proveniente de los tratamientos (Anexo 2).

Diseño: Álvarez (2013)

No. Registro	**4777**	**4778**	**4779**
Ubicación	**Vacaza**	**Gallinaza**	**Ovejo (Control)**
Arena (%) *	76	62	78
Limo (%) **	16	24	12
Arcilla (%) ***	8	14	10

Sistema USDA:

*Material orgánico con partículas comprendidas entre 2,00 y 0,05 mm de diámetro.

**Material orgánico con partículas comprendidas entre 0,05 y 0,002 mm de diámetro.

***Material orgánico con partículas menores de 0,002 mm de diámetro.

Estos elementos poseen una función importante ya que están relacionados con la textura del suelo, la cual es un factor que influye en la fertilidad del suelo y en la capacidad para lograr rendimientos agrícolas elevados.

4.5.2. Análisis químico

Con el objetivo de evaluar la calidad del humus obtenido se realizaron un grupo de determinaciones químicas como concentraciones de P, K, Ca y materia orgánica que desempeñan funciones fisiológicas importantes en las plantas. Los resultados de la evaluación química del humus se muestran en la Tabla 3.

Tabla 3. Evaluación química del humus obtenido a base de gallinaza, vacaza y ovino como control (Anexo 2).

Diseño: Álvarez (2013)

No. Registro	**4777**	**4778**	**4779**
Ubicación	Vacaza	Gallinaza	Ovejo (Control)
Fósforo ppm	897	1,344	1,092
Potasio ppm	435	650	500
Calcio ppm	5,077	5,611	6,814
Mat. Orgánica (%)	23,79	8,9	24,41
pH 1:2,5 (agua)	7,8	7,1	8,6
C.E. 1:5 mmhos/cm a 25 °C	0,92	1,19	1,2

Estudios sobre caracterización química de humus utilizando las especies *Eisenia foetida* (Durán y Henríquez, 2007) y *Eudrilus eugeneae* (Mulet del Pozo *et al.* 2008), y vacaza como materia base, mostraron resultados similares en relación al contenido de materia orgánica encontrado en el humus de vacazo, pero superiores al obtenido con el humus a base de gallinaza.

Giulietti *et al.* (2008) reportaron valores inferiores de materia orgánica en humus a base de vacaza (13,2 %) y superiores con gallinaza (15,82 %), empleando en ambos casos la lombriz roja californiana.

Estos resultados pueden estar relacionados con el hecho de que el ganado vacuno se alimenta de pastos, los cuales poseen un porcentaje de fibra entre 30 y 35 % (Rodríguez, 1999), con comparación con el estiércol de otras especies monogástricas.

Las concentraciones de calcio en humus a base de vacaza y gallinaza referidas por Bollo (2001) y Mulet del Pozo *et al.* (2008) fueron similares a los evaluados en los tratamientos. No obstante, los datos referidos a las concentraciones de fósforo y potasio fueron superiores, lo cual pudiera estar asociado a la composición química de los sustratos utilizados en estas investigaciones.

García *et al.* (1996) y Álvarez-Solís *et al.* (2010) refieron valores de fósforo y potasio similares en humus obtenido con *Eisenia foetida*, aunque las concentraciones de materia orgánica fueron 1,96 y 2,1 veces superior, respectivamente.

Las variaciones encontradas entre los diferentes tipos de humus (calidad), puede estar asociado a diferentes factores como por ejemplo, la concentración de nutrientes de los residuales de animales y vegetales (sustratos de los cuales proceda ese humus) ya que influye el tipo de dieta consumida por los animales, la naturaleza de algunas fuentes vegetales que se mezclan con las excretas animales, la manipulación y el tipo de almacenaje de los residuales que se empleen, entre otros (García *et al.*, 1996; Durán y Henríquez, 2007).

Estos resultados evidencian que el humus a base de estiércol de vaca y gallina, empleando *Lombricus terrestris* L., también es capaz de formar humus con calidad aceptable, como los obtenidos con *Eisenia foetida,* recomendada por numerosos autores para los trabajos de lumbricultura (Giulietti *et al.*, 2008; Pérez *et al.*, 2012).

Los componentes químicos evaluados en el humus son de vital importancia para el crecimiento y desarrollo de las plantas. El calcio participa en la regulación de numerosos procesos fisiológicos y celulares (Hirschi, 2004; Tang *et al.*, 2006). Es un nutriente esencial y posee funciones en la actividad metabólica como la estabilización de membranas (Tuna *et al.*, 2007; Taïbi *et al.*, 2012), en la trasducción de señales como mensajero secundario y en el control de la actividad enzimática (Laohavisit *et al.*, 2013). Por otra parte, el Ca^{2+} puede contrarrestar los efectos adversos que tiene sobre las plantas estreses abióticos como la salinidad de los suelos (Arshi *et al.*, 2006).

El fósforo constituye el segundo macronutriente más importante indispensable para el crecimiento de las plantas, participa en la transferencia de energía, la fotosíntesis, la transformación de azúcares y almidón y en el movimiento de los nutrientes hacia la planta (Hemalatha *et al.*, 2013).

Los valores de pH se mantuvieron dentro del rango recomendado (6,0 - 8,0) (Díaz, 2002; Pineda, 2006) aunque ligeramente superiores a 7.0 que es el valor óptimo. Estos resultados pudieran estar relacionados con el control sobre la humedad, temperatura y aereación de los sustratos trabajados.

Cuando estas condiciones son adecuadas se desarrollan microorganismos aeróbicos, que además de participar en la descomposición de la materia orgánica (Nardi, 2002, Domínguez *et al.*, 2010), participan en la regulación del pH, ya que cuando disminuye la presión de oxígeno proliferan las bacterias anaeróbicas que producen como resultado del metabolismo metano, ácido sulfídrico y amoniaco, los cuales puede disminuir el pH (Díaz, 2002). Este aspecto es importante ya que las bacterias participan en procesos claves como la nitrificación, la oxidación del azufre y la fijación del nitrógeno, lo cual es un indicador para evaluar la salud y estabilidad del suelo (Pérez, 2003).

Por otra parte, las lombrices poseen las glándulas de Morren, las cuales tienen como función la de secretar carbonato de calcio y producir una digestión alcalina, por lo que es de esperar valores de pH ligeramente alcalinos en los diferentes humus de lombriz (Bollo, 1999).

Los valores de conductividad eléctrica se mantuvieron en niveles bajos al compararlos con otros sustratos como residuos de banano y café y fueron similares a los obtenidos por otros autores (Durán y Henríquez, 2007), los cuales planteaeron que el estiércol, en general, muestra menores concentraciones de K ya que la mayor cantidad de este elemento se elimina mediante la orina.

El control de la salinidad en el humus es un aspecto importante a considerar, ya que valores superiores a 8 mmhos/cm pueden provocar toxicidad iónica a la planta (Mejías, 2000). El exceso de sales en el sustrato puede provocar trastornos metabólicos y fisiológicos en las plantas que conllevan a limitaciones en procesos como la germinación (Abbasdokht *et al.*, 2012; Mosavian y Eshraghi-Nejad, 2013), el crecimiento y desarrollo de las plantas, así como la productividad de los cultivos (Saqib *et al.*, 2012; Barakat *et al.*, 2013).

4.6. Evaluación fitosanitaria del humus

Con el objetivo de evaluar las condiciones fitosanitarias del humus obtenido se determinó la presencia de insectos y nemátodos. Los resultados mostraron que tanto el humus a base de vacaza como de gallinaza carecían de nemátodos fitoparasitarios como de nemátodos libres (Anexos 3 y 4).

Este resultado positivo pudo estar relacionado con el hecho de que los nemátodos fitoparásitos pueden tener una fase de vida libre, durante la cual las interacciones directas con otros organismos como las lombrices pueden limitar la densidad de su población (Clermont-Dauphin *et al.*, 2004). De manera indirecta las lombrices también pueden influir sobre los nemátodos, ya que la actividad de las mismas cambia la estructura del suelo y la disponibilidad de los recursos (Blouin *et al.*, 2005). Las estructuras biogénicas producidas por estos ingenieros del ecosistema pueden alterar las propiedades físicas y químicas del suelo e influir en la comunidad de nemátodos por afectar su hábitat o el suplemento de alimento (Neher, 1999).

En el caso de los insectos, no se contraron plagas insectiles en el humus de gallinaza, mientras que en el humus de vacaza se detectaron plagas insectiles sin importancia económica (Anexo 3 y 4).

Estos resultados pueden estar asociados a la humedad del sustrato, la cual fue mantenida entre 70 y 75 %, lo que permite controlar la presencia de plagas, hormigas, etc., que se acercan por los azúcares que produce la lombriz al deslizarse por las galerías del sustrato (Pineda, 2006).

4.7. Evaluación económica

La Tabla 4 muestra los gastos incurridos para la realización de la investigación.

Tabla 4. Gastos realizados en la investigación.

Diseño: Álvarez (2013)

Insumos y ensayos analíticas	Cantidad	Precio unitario	Precio Total (BsF)
Gallinaza	14 Kg	1,20 $BsF.Kg^{-1}$	16,8
Vacaza	14 Kg	2,00 $BsF.Kg^{-1}$	28,0
Cerdaza	14 Kg	1,5 $BsF.Kg^{-1}$	21,0
Tanques plásticos (20 L)	10	30 BsF	300
Tanques plásticos (100 L)	16	200 BsF	3200
Consumo eléctrico (Kwatt/h)	180	0,125 BsF	22,5
Análisis químico-físico del humus	3	183,3 BsF	550
Total			4138

La cantidad de humus recolectada a partir de gallinaza y vacaza fue de 24 Kg. Con un precio de 10 $BsF.Kg^{-1}$en el mercado, el cálculo del beneficio bruto (Kg de humus X precio del Kg) fue de 240 BsF, un valor relativamente bajo ya la producción sólo se diseñó a escala experimental. Sin embargo, no se obtuvo un beneficio neto (ganancia total – gastos totales) ya que los costos por concepto de insumos y ensayos fueron superiores a las ganancias,

El cálculo de ganancia neta realizado para la producción de cuatro toneladas de humus en un año se muestra en las Tablas 5 y 6. Como se puede observar, los gastos para la producción de la primera tonelada fueron elevados debido a la inversión inicial; sin embargo, en las restantes producciones los gastos se redujeron considerablemente, ya que sólo se invirtió en la gallinaza, la vacaza, el consumo eléctrico para el suministro de agua y el pago por mano de obra.

Como se puede apreciar, con la producción de la primera tonelada de humus no es posible recuperar la inversión inicial, debido al precio actual de los insumos en el mercado.

Tabla 5. Gastos iniciales por insumos y mano de obra para producir la primera tonelada de humus.

Diseño: Álvarez (2013)

Insumos, mano de obra y producción	Cantidad	Precio unitario	Precio total (BsF)
Gallinaza	1000 Kg	1,20 $BsF.Kg^{-1}$	1200
Vacaza	1000 Kg	2,00 $BsF.Kg^{-1}$	2000

Tanque (3000 L)	1	3000 BsF	3000
Envase 100 L	15	200 BsF	3000
Bomba ½ HP	1	2800	2800
Manguera ½" (20 m)	1	800	800
Pala	1	350	350
Rastrillo	1	500	500
Carretilla	1	2000	2000
Consumo eléctrico (Kwatt/h)	540	0,125	67,5
Obrero	1	800 BsF/mensual	2400
Total			**181175**

Precio de 1000 Kg de humus = 10000 BsF.

Beneficio neto = 10000 – 181175 = - 171151 BsF.

Tabla 6. Gastos por insumos y mano de obra para producir la segunda tonelada de humus.

Diseño: Álvarez (2013)

Insumos, mano de obra y producción	Cantidad	Precio unitario	Precio total (BsF)
Gallinaza	1000 Kg	1,20 BsF.Kg^{-1}	1200
Vacaza	1000 Kg	2,00 BsF.Kg^{-1}	2000

Consumo eléctrico (Kwatt/h)	540	0,125	67,5
Obrero	1	800 BsF/mensual	2400
Total			**5667,5**

Beneficio neto= 10000 – 5667,5 = 4332,5 BsF.

Con la segunda producción de una tonelada de humus se obtiene una ganancia de 4332,5 BsF. Si tenemos en cuenta que en las restantes dos producciones del año se mantienen los mismos gastos, se obtiene una ganancia anual total de 22997,5 BsF, lo que representa una recuperación de la inversión en el año del 13 %. Teniendo en cuenta estos valores se estimó la recuperación total de la inversión en un plazo aproximado de 10 años.

Un aspecto importante que se debe destacar son los beneficios económicos y medioambientales que posee la producción de humus de lombriz, ya que no sólo constituye una vía para eliminar los residuos orgánicos producidos por las excretas de los pollos y los residuos de la agroindustria, los cuales representan una fuente de contaminación para animales y humanos; sino que además, este abono poseen un grupo numeroso de propiedades físicas, químicas y biológicas que mejoran la calidad de los suelos e incrementan la productividad de los cultivos (Méndez *et al.*, 2012).

Este aspecto es de gran importancia ya que la protección de los suelos constituye una premisa para el desarrollo sustentable de la humanidad. El uso indiscriminado de fertilizantes químicos y pesticidas, con el propósito de elevar los rendimientos agrícolas, ha contribuido a la erosión y pérdida de la fertilidad del suelo en las diferentes regiones del mundo (Alo *et al.*, 2013); así como a la contaminación de las aguas que puede afectar la salud humana por la constante exposición a estos contaminantes (Glasson *et al.*, 1999).

Se conoce que las sustancias húmicas contenidas en el humus de lombriz también pueden estimular el crecimiento de las plantas a través de efectos hormonales (Arancón *et al.,* 2006) o elevando la resistencia de la planta a través de una mejora de su nutrición (Acevedo y Pire, 2004). En este sentido, Tarang *et al.* (2013) plantearon que la combinación de fertilizantes biológicos y químicos aplicados a los cultivos, puede reducir la contaminación ambiental y el uso indiscriminado de los químicos.

Por otra parte, se ha descrito una función protectora del humus contra plagas y enfermedades que afectan las raíces de los cultivos (Yardim *et al.*, 2006). Este elemento es importante, ya que el uso de vermicompost puede reducir el uso de plaguicidas e insecticidas con un significativo impacto ambiental.

Por último, es necesario añadir el impacto social de la práctica de la lombricultura en el territorio, ya que esta actividad puede tener una dimensión educativa, si se hace de esta labor un espacio abierto para el continuo aprendizaje de las viejas y jóvenes generaciones.

5. CONCLUSIONES

- Las condiciones empledas de temperatura, humedad, alimentación, sustrato y densidad de individuos, permitió la adaptación de las lombrices nativas a condiciones de confinamiento, con un buen crecimiento y desarrollo de las mismas.
- Se logró obtener una tasa de reproducción dentro del rango de la especie, una distribución homogénea de individuos por estadios y no se observó mortalidad en los tratamientos evaluados.
- Los contenidos de P, K, Ca, materia orgánica y conductividad eléctrica del humus obtenido a partir de vacaza y gallinaza, mostraron valores aceptables, cuya variación depende de las características físico-químicas de los sustratos.
- No se detectaron nemátodos ni plagas insectiles de importancia económica en el humus obtenido a base de vacaza y gallinaza.
- La producción de humus utilizando la lombriz nativa mostró ser factible con un elevado impacto medioambiental.

6. RECOMENDACIONES

- Estudiar la microbiota (bacterias y hongos) del humus, así como la determinación de otros elementos químicos como N, C, Fe, Cu, Zn, Mn, etc., que permitan una mejor caracterización de la calidad del humus.
- Realizar estudios de dinámica poblacional de la lombriz nativa en condiciones de confinamiento, que permitan optimizar los recursos utilizados para la obtención del humus.
- Evaluar el humus obtenido en condiciones de producción.
- Divulgar los resultados obtenidos dentro del sector agrario, para incentivar la producción de abonos orgánicos como variante ecológica para la biofertilización de los cultivos.

7. BIBLIOGRAFÍA

1. Abbasdokht, H., Ashrafi, E. and Taheri, S. 2012. Effects of different salt levels on germination and seedling growth of sesame (*Sesamum indicum* L.) cultivars. Tech J Engin & App Sci., 2 (10): 309-313.

2. Abdullah, A.A. and Saywack, P. 2011. Identification and classification of earthworm species in Guyana. International Journal of Zoological Research 7 (1): 93-99.

3. Acevedo, I. and Pire, R. 2004. Efectos del lombricompost como enmienda de un sustrato para el crecimiento del lechosero (*Carica papaya* L.). Interciencia, 29(5).

4. Almaguer, J., Reyes, V., Reyes, A. y Villa, O. 2012. Evaluación del efecto del humus líquido obtenido por tres métodos, en condiciones de maceta y de campo, utilizando maíz (*Zea may L.*) y remolacha azucarera (Betta *vulgaris L.*) respectivamente. Revista Desarrollo Local Sostenible, 5 (15): 1-6.

5. Alo, M.N., Egbule, U.C.C., Orji, J.O. and Aneke, C.J. 2013. Microbiological Analysis of Soil from Onu-Ebonyi Contaminated with Inorganic Fertilizer. American Journal of Infectious Diseases and Microbiology, 1 (4): 70-74.

6. Altamirano, F. 2010. "Investigación de la carga microbiana del compost y el humus de lombriz". Universidad de Jujut, Argentina. Disponible en: https://sites.google.com/site/steelpulse06/investigandola microbiolog%C3%ADadehumus. Consultado en septiembre, 2013.

7. Álvarez-Solís, J.D., Gómez, D.A., León, N.S. y Gutiérrez, F.A.. 2010. Manejo integrado de fertilizantes y abonos orgánicos en el cultivo de maíz. Agrociencia 44: 572-586.

8. Arancon, N., Edwards, C., Lee, S. and Byrne, R. 2006. Effects of humic acids fromvermicomposts on plant growth. *EuropeanJournal of SoilBiology*, 42: S65-S69.

9. Armenta V.R., 2006.Transformación de la materia orgánica por la lombriz en suelos enmendados con lodo residual. Tesis de Maestría Facultad de Química. UAEM. México.

10. Arshi, A., Abdin, M.Z. and Iqbal, M. 2006. Sennoside content and yield attributes of Cassia angustifolia Vahl as affected by NaCl and CaCl2. Sci Hortic 111: 84–90.

11. Baker, G. 2007. Differences in nitrogen release from surface and incorporated plant residues by two endogeic species of earthworms (Lumbricidae) in a red brown earth soil in southern Australia. Eur. J. Soil. Biol. 43: 165-170.

12. Barakat, N., Laudadio, V., Cazzato, E. and Tufarelli, V. 2013. Antioxidant Potential and Oxidative Stress Markers in Wheat (Triticum aestivum) Treated with Phytohormones under Salt-Stress Condition Barakat et al. / Int. J. Agric. Biol., Vol. 15, No. 5.

13. Bellapart, C. 1996. Nueva agricultura biológica en equilibrio con la agricultura química. Ediciones Mundi-Prensa. Barcelona. España. 298p.

14. Blanchart, E., Albrecht, A., Alegre, J., Duboisset, A., Gilot, C., Pashanasi, B. Lavelle, P. and Brussaard, L. 1999. Effects of earthworms on soil structure and physical properties, p. 149- 172. *In* P. Lavelle, L. Brussaard & P. Hendrix (eds.). Earthworm management in tropical agroecosystems. Wallingford, United Kingdom.

15. Blouin M., Zuily-Focil Y., Tham-Thi,A-T Laffray D., Reversat G., Pando, A., Tondoh, J. and Lavelle, P. 2005. Belowground organism activities affect plant aboveground phenotype, inducing plant tolerant to parasites. EcologyLetters, 8: 202-208.

16. Bohn, H.L., McNeal, B.L. and O´Connor, G.A. 1993. Química del suelo. Ed. Limusa. México,D.F.

17. Bollo, E. 1999. Lombricultura: una alternativa de reciclaje. Quito. Soboc Grafic. 149 p.

18. Bouché, M.B. 1972. Lombriciens de France. Écologie et Systématique (n hors-série), Institut National de la Recherche Agronomique, Annales de Zoologie-Écologie Animale.

19. Caballero, R.; Gandarilla, J.; Pérez, D. y Rodríguez, D. 2000. Efecto de los abonos orgánicos en la explotación de huertos intensivos. Centro Agrícola 27(4): 18 -22, octubre - diciembre.

20. Chaney, D.E., Drinkwater, L.E. and Pettygrove, G.S. 1992. Organic soil amendments and fertilizers. University of California, Division of Agriculture and Natural Resources. Publication 21505. 36 p.

21. Chaoui, H., Zibilske, L. and Ohno, T. 2003. Effects of earthworm casts and compost on soil microbial activity and plant nutrient availability. Soil. Biol. Biochem. 35: 295-302.

22. Clermont - Dauphin, C., Cabidoche, Y.M. and Meynard, J.M. 2004. Effects of AgroforestrySystems, 45: 159-185.

23. Csuzdi, C. and Zicsi, A. 2003. Earthworms of Hungary (Annelida: Oligochaeta; Lumbricidae). Hungarian Natural History Museum, Budapest.

24. Cuevas, G.R., 2005. Desarrollo de la lombriz *Eisenia fetida* Sar. En dos localidades y efecto de la lombricomposta en maíz en el Soconusco Chiapas. Tesis de Maestría en Ciencias en Agricultura Tropical. Facultad de Ciencias Agrícolas. UACh. México.

25. Decaëns, T., Jiménez, J.J., Barros, E., Chauvel, A., Blanchart, E., Fragoso, C. and Lavelle, P. 2004. Soil macrofaunal communities in permanent pastures derived from tropical forest or savanna. Agr. Ecosyst. Environ. 103: 301-312.

26. Delgado, M.M, Porcel, M.A., Miralles, R., Beltrán, E., Beringola, L. y Martín, J.V. 2004. Efecto de la vermicultura en la descomposición de residuos orgánicos. Rev. Inter. Contam. Amb. 20: 83-86. desarrollo de especies hortícolas y hornamentales. Tesis Doctoral. Universidad Autónoma Agraria Antonio Narro-UL.

27. Díaz, E. 2002. Guía de lombricultura. Lombricultura: una alternativa de producción. Disponible en: . Consultado en septiembre, 2013.

28. Domínguez , J. y Gómez-Brandón, M. 2010. Ciclos de vida de las lombrices de tierra aptas para el vermicompostaje. *Acta Zoológica Mexicana (n.s.) Número Especial 2: 309-320.*

29. Domínguez, J. 2004. State of the art and new perspectives on vermicomposting research. En: Edwards, C.A. (Ed.). *Earthworm Ecology*, pp. 401-424. CRC Press, Boca Raton FL USA.

30. Domínguez, J., Aira, M. and Gómez-Brandón, M. 2010. Vermicomposting: earthworms enhance the work of microbes. En: Insam, H., Franke-Whittle, I., Goberna, M. (Eds). *Microbes at work: from wastes to resources*, pp.93-114. Springer-Verlag, Berlin Heilderberg, Germany.

31. Domínguez, J., Edwards, E. and Subler, S. 1997. A comparision of vermicomposting and composting. BioCycle 38(4):57-59.

32. Durán, L. y Henríquez, C. 2007. Caracterización química, física y microbiológica de vermicompostes producidos a partir de cinco sustratos orgánicos. Agronomía Costarricense 31(1): 41-51.

33. Edwards, C.A. and Bohlen, P.J. 1996. Biology and Ecology of earthworm. 3ra Edn., Chapman and Hall, London, ISBN: 0412561603, pp. 426.

34. Eyheraguibel, B., Silvestre, J. and Morard, P. 2008. Effects of humic substances derived from organic waste enhancement on the growth and mineral nutrition of maize. Bioresource Technology, 99: 4206-4212.

35. Fernández, O. y Olate P. 2003. Evaluación Agronómica de sustancias húmicas derivadas del humus de lombriz. Pontificia Universidad católica de Chile. 52p.

36. Ferruzi, C. 1986. Manual de lombricultura. Madrid. España. Mundi-Prensa. 138 p.

37. Figueroa, V.U. 2002. Uso sustentable del estiércol en sistemas forrajeros bajo riego. Revista Unión Ganadera. Unión Ganadera Regional de la Laguna. Vol. 38:11-12.

38. Fraile, J. y Obando, R. 1994. Lombricultura: alternative para el manejo racional de los desechos del banano. Aqua 3 (4):17-22.

39. Fuentes, J.L. 1987. La crianza de la lombriz roja. Ministerio de Agricultura, Pesca y Alimentación. Publicaciones Agrarias, p.4. Disponible en: Consultado en octubre de 2013.

40. Gajalakshmi, S., Ramasamy, E.V. and. Abbasi, S.A. 2001. Potential of two epigeic and two anecic earthworm species in vermicomposting of water hyacinth. Bioresource Technology. 76: 177-181.

41. García, M.D., Domínguez, P.L., Martínez, F. y Covas, M. 1996. Obtención de humus y lombrices de tierra (*Eisenia foetida*) a partir de residuales porcinos y desechos de la industria azucarera. Revista Computarizada de Producción Porcina, Vol 3, No. 1.

42. García-Pérez, R.E., 2006. La lombriz de tierra como una biotecnología en agricultura. Universidad Autónoma de Chapingo, México. 177 p.

43. Garg, P., Gupta, A. and Satya, S., 2006. Vermicomposting of different types of waste using: A comparative study. Biores. Tecnol. 3: 391-395.

44. Giulietti, A.L., Ruiz, O.M., Pedranzani, H.E. and Terenti, O. 2008. Efecto de cuatro lombricompuestos en el crecimiento de plantas de Digitaria eriantha. Revista Internacional de Botánica Experimental 77: 137-149.

45. Glasson, J., Thervel, R. and Chadrock, A. 1999. Introduction to environmental impact assessment, 2nd edition Mc-Graw hill, USA. pp. 3-6.

46. González, P. 2002 Influencia de la fertilización orgánica en la producción de forraje y Semilla de cavalia ensiformis / E. Nieto, J. Ramírez, Madelín Cruz (L). . – En DC. Ecosistema ganadero. No. 1 (1), p. 33.

47. Guerrero, A. 1996. El suelo, los abonos y la fertilización de os cultivos. Ediciones Mundi-Prensa. Bilbao. España. 206p.

48. Hartwigsen, H. J. y Evans, M. R. 2000. Humis Acid an Substrate promote Seedling yRoot Development. Hort Sciencie. 35(7): 1231-1233.

49. Hemalatha, S., Praveen, V.R., Padmaja, J. and Suresh, K. 2013. An overview on role of phosphorus on growth, yield and quality of sunflower (*Helianthus annus* L.). International Journal of Applied Biology and Pharmaceutical Technology, 4 (3): 48-55.

50. Hirschi, K.D. 2004. The calcium conundrum. Both versatile nutrient and specific signal. Plant Physiology 136: 2438–2442.

51. Honorato, R. 1993. Manual de edafología. Editorial Universitaria S. A. Ediciones Universidad católica de Chile. 193p.

52. INSAI, 2013. Instituto Nacional de Salud Agrícola Integral. Red Nacional de Laboratorios de Diagnósito Fitosanitario y Despistaje de Micotocinas. "Laboratorio de Diagnósitico Fito y Zoosanitario Paula Correa Rodríguez, Estado Cojedes, Venezuela.

53. Ismail, S.A. 1997. Vermicology the Biology of earthworms. Oriental Longman Limited, India.

54. Ismail, S.A. 2005. The earthworm Bool. Other India Press, Aprusa, Goa, pp: 101.

55. Jiménez, J.J., Cepeda, A., Decaëns, T., Oberson, A. and Friesen, D. 2003. Phosphorus availability in casts of an anecic savanna earthworm in a Colombia Oxisol. Soil. Biol. Biochem. 35: 715-727.

56. Kooch, Y., Jalilvand, H., Bahmanyar, M.A. and Pormajidian, M.R. 2008. Abundance, biomass and vertical distribution of earthworms in ecosystem unit of hornbeam forst. J. Biol. Sci., 8: 1033-1038.

57. La Salle, 2013. Fundación la Salle de Ciencias Naturales. EDIAGRIO. Dpto. de Suelos y aguas, Estado Cojedes, Venezuela.

58. Labrador, J. 2001. Ministerio de la Agricultura, Pesca y Alimentación. Ediciones Mundi-Prensa. España.

59. Lainez, C. y Jornada, R. 1987. Contribución al conocimiento de los oligoquetos (Oligochaeta, Lombricidae) de Navarra. Publicaciones de Biología de la Universidad de Navarra. Ed. Universidad de Navarra S.A., España. ISBN: 84-313-0996-2.

60. Laohavisit, A., Richardsa, S. L., Shabalab, L., Chenc, C., Renato, D.D.R., Colaçoa, S.M., Swarbrecka, E.S., Adeeba, D., Shabalab, S. Shangc, Z. and Daviesa, J, M. 2013. Salinity-induced calcium signaling and root adaptation in Arabidopsis thaliana require the calcium regulatory protein annexin. Plant Physiology Preview. DOI:10.1104/pp.113.

61. Lavelle, P. and Spain, A.V. 2001. Soil Ecology. Kluwer Academic Publishers. Dordrecht, Boston.

62. Lavelle, P. and Spain, A.V. 2001. Soil Ecology. London, United Kingdom.

63. Lores, M., Gómez-Brandón, M., Pérez-Díaz, D. and Domínguez, J. 2006. Using FAME profiles for the characterization of animal wastes and vermicomposts. Soil Biology and Biochemistry. 38: 2993-2996.

64. Mackowiak, C.L.; Grossl, P.R. y Bugbee, B.G. 2001. Beneficial effects of Humic acid on micronutrien availability to wheat. Soil science Society American Journal. 65: 1744-1750.

65. Mejías, P. 2000. Manual de lombricultura. Ed. Agroflor lombricultura. Disponible en: www.lombriagroflor.cl/. Consultado en octubre de 2013.

66. Meléndez, G. 2003. Residuos orgánicos y la materia orgánica del suelo. Taller Abonos Orgánicos. Centro de Investigaciones Agronómicas. Universidad de Costa Rica.

67. Méndez, O., León, N.S., Gutiérrez, F.A., Rincón, R. y Alvarez, J.D. 2012. Efecto de la aplicación de humus de lombriz en el crecimiento y rendimiento de grano del cultivo de maíz. Gayana, Bot. 69 (1): 49-54.

68. Miller, R.W. and Donahue, R.L. 1995. Soils in our environment. 7th ed. Prentice Hall. Englewood Cliffs, NJ.

69. Monroy, F., Aira, M. and Domínguez, J. 2008. Changes in density of nematodes, protozoa and total coliforms after transit through the gut of four epigeic earthworms (Oligochaeta). Applied Soil Ecology. 39: 127-132.

70. Moreno, A., Valdés, M.T. y Zarate, T. 2005. Agricultura técnica, Chile, 65: 26-34.

71. Mosavian, S.N. and Eshraghi-Nejad, M. 2013. Effect of NaCl and CaCl2 stress on germination indicators and seedling growth of canola. Intl. J. Farm. & Alli. Sci., 2 (2): 32-37.

72. Mulet del Pozo, Y.; Díaz, M.E. y Vilches, E.E. 2008. Determinación de algunas propiedades físico-mecánicas, químicas y biológicas del humus de lombriz en condiciones de la vaquería de la finca Guayabal, San José de las Lajas, La Habana, Cuba. Revista Ciencias Técnicas Agropecuarias, Vol. 17, (1): 27-30.

73. Nardi, S. 2002. "Physiological effect of humus substances on higher plants", Soil Biology and biochemestry (34): 1527–1536.}.

74. Nengebamer, A.B. 1992. Agricultura ecológicamente apropiada. Fundación Alemana para el Derecho Internacional. Centro de Fomento para la agricultura y la alimentación. – [s.l]: RFA,184 p.

75. Niño, S. y Robert, D. 2013. Obtención de humus líquido por medio de la lombriz roja californiana. Monografías. Disponible en: http://www.monografias.com/trabajos71/humus-liquido-lombriz-roja-californiana/humus-liquido-lombriz-roja-californiana2.shtml. Consulta realizada en octubre de 2013.

76. NMX-FF-109-SCFI-2007. humus de lombriz (lombricomposta) especificaciones y métodos de prueba vermicompost (worm casting) specifications and test methods. México.

77. Omodeo, P. 1956. Contributo alla revisione dei Lumbricidae, Arch. Zool. Ital 41.

78. Ortíz Franco, P. y Álvarez, J.A. 2002. Uso de biofertilizantes en avena de temporal en la sierra de Chihuahua. Disponible. [en línea] En: agricultura Orgánica. Disponible en:

http://www.smcs.org.mx/pdf/libros/agricultura_org.pdf [Consulta: 18 de junio de 2012].

79. Otero, S. y Teresa, O. 2010. Producción y evaluación de vermicomposta en hormigueros, Sierra Nanchititla, México, *53h*. Trabajo de Diploma (en opción al título de Licenciado en Ciencias Ambientales).Universidad Autónoma de México.
80. Peña, E., Carrión, M., Martínez, F., Rodríguez, A y Companioni, N. 2002. Manual para la producción de abonos orgánicos en la agricultura urbana. INIFAT. p 35 – 37.

81. Pérez, A., Matías, C., González, Y. y Alonso, O. 1997. Tecnología para la producción de semillas de gramíneas y leguminosas tropicales. Pastos y Forrajes. (CU) 20: 21.

82. Pérez, G., Monroy, B., Pimienta, E., Posos, P., Aceres, V.A., Toral, J.R. y Carreón, J. 2012. Niveles de fertilización orgánica mediante humus de lombriz en el cultivo de jamaica Hibiscus sabdariffa L. ScientiaCucba. 14, (1-2): 47-55.

83. Pérez, N. 2003. Agricultura orgánica: Bases para el manejo ecológico de plagas, Centro de Estudios de Desarrollo Agrario Rural de la Universidad Agraria de La Habana, Asociación Cubana de Técnicos Agrícolas y Forestales, Ciudad de La Habana, Cuba.

84. Pérez-Losada, M., Bloch, R., Breinholt, J.W., Pfenninger, M. and Domínguez, J. 2012. Taxonomic assessment of Lumbricidae (Oligochaeta) earthworm genera using DNA barcodes. European Journal of Soil Biology, 48: 41-47.

85. Pineda, J.A. 2006 Lombricultura / José Arnold Pineda, Instituto Hondureño del Café.1a. ed. (Tegucigalpa): (Litografía López). 38 p.: fotos ISBN 99926-37-50-1.

86. Porta, C., López, J. and Roquero, L.C. 2003. Edafología: para la agricultura y el medio ambiente. Ed. Mundi-Prensa. España. 849 p.

87. Primavessi, A.M. 1990. Beneficios de Materia Orgánica en descomposicao y do Humus. p. 124- 126. -- En: Manejo Ecológico do solo Agricultura en regioe tropicais. -9. ed. Sao Paulo: Ed. Noble,

88. Qiu, J.P. et Bouché, M.B. 1998. Révision des taxons supraspécifiques de Lumbricoidea. Documents pedozoologiques et integrologiques 3: 179-216.

89. Restrepo, J. 1996. Abonos Orgánicos Fermentados. Experiencia de Agricultores en Centroamérica y Brasil, CEDECO/OIT (Primera Edición), San José, Costa Rica. p 52.

90. Rodríguez, A.R. 1999. Producción y Calidad de Abono Orgánico por Medio de la Lombriz Roja Californiana (*Eisenia foetida*) y su Capacidad Reproductiva. Disponible en: Consulta: septiembre de 2013.

91. Römbke, J., Jänsch, S. and Didden, W. 2005. The use of earthworms in ecological soil classification and assessment concepts. ECT Ökotoxikologie GmbH, Böttgerstrasse 2-14.

92. Sánchez, R., Ordaz, V.M., Benedicto, G.S., Hidalgo, C.I. y Palma, D.J. 2005. Cambio en las propiedades físicas de un suelo arcilloso por aportes de lombricompuesto de cachaza y estiércol. Interciencia 30: 765-779.

93. Saqib, Z.A., Akhtar, J., Ul-Haq, M.A. and Ahmad, I. 2012. Salt induced changes in leaf phenology of wheat plants are regulated by accumulation and distribution pattern of Na+ ion. Pak. J. Agric. Sci., 49: 141-148.

94. Schnitzer, M. 1990. Selected methods forte caracterization of soil humic substances. En: p. McCarthy y Cols. (Ed.): humic sustances in soil and crop sciences. ASA & SSSA. Madison: 65-89.

95. Schuldt, M. 2001. Lombricultura. Teoría y práctica en el ámbito agropecuario, industrial y domés tico. Imprelyf, La Plata, 136 p.

96. Schuldt, M. 2006. Manual de lombricultura teoría y práctica. Ed. Mundiprensa. Madrid. 188 pp.

97. Sigarroa, A. 1985. *Biometría y diseño experimental.* Editorial Pueblo y Educación, 733 p.

98. Suthar, S. 2009. Vermicomposting of vegetable-market solid waste using *Eisenia fetida*: Impact of bulking material on earthworm growth and decomposition rate. Ecol. Engin. 35: 914-920.

99. Taïbi, Kh., Taïbi, F. and Belkhodja, M. 2012. Effects of external calcium supply on the physiological response of salt stressed bean (*Phaseolus vulgaris* L.) Genetics and Plant Physiology, Volume 2 (3–4), pp. 177–186.

100. Tang, D., Dean, W.L., Borchman, D. and Paterson, C.A. 2006. The influence of membrane lipid structure on plasma membrane Ca2+-ATPase activity. Cell Calcium 39: 209–216.

101. Tarang, E., Ramroudi, M., Galavi, M., Dahmardeh, M., Mohajeri, F. 2013. Effects of Nitroxin bio-fertilizer with chemical fertilizer on yield and yield components of grain corn (cv. Maxima). International Journal of AgriScience AgriScience Vol. 3(5): 400-405.

102. Téllez, V. 2007. Los abonos agroecológicos. Coordinado por DESMI, A.C. [en línea], Disponible en: www.abonorgadesmi.com [Consulta: semptiembre 2013].

103. Reynold, R. and Wetzel, L. 2010. The role of invertebrate ecosystem enginners. Eur. J. Soil. Biol. 33(4): 159-193.

104. Tineo, B.A.L. 1991. Estudio preliminar de algunos aspectos reproductivos de tres especies de lombrices de tierra. Ayacucho, Perú; Universidad Nacional de San Cristóbal de Huamanga, Perú, p. 1-20.

105. Tripathi, G. and Bhardwaj, P. 2004. Comparative studies on biomass production, life cycles and composting efficiency of Eisenia fetida (Savigny) and Lampito mauritii (Kinberg). Bioresource Technology. 92: 275-283.

106. Tuna, A.L., Kaya, C., Ashraf, M., Altunlu, H., Yokas, I. and Yagmur, B. 2007. The effects of calcium sulphate on growth, membrane stability and nutrient uptake of tomato plants grown under salt stress, Environ. Exp Bot 59: 173–178.

107. Van Horn, M. 1995. Compost production and utilization, a growers´ guide. California Department of Food and Agriculture, University of California. Publication 21514. 17 pag.

108. Yardim, E., Arancon, N., Edwards, C., Oliver, T and Byrne, R. 2006. Suppression of tomato hornworm (*Manducaquinquemaculata*) and cucumber beetles (*Acalymmavittatum*and *Diabotricaundecimpunctata*) populations and damage by vermicomposts. *Pedobiologia*, 50, 23-29.

109. Zarela, O., Salas, S. y Sánchez, M. 1993. Manual de lombricultura en trópico húmedo. Instituto de Investigaciones de la Amazonia Peruana, Iquitos, Pucallpa. P. 53. Disponible en: Consultado en septiembre de 2013.

110. Tarango, Z.R. 2000. La materia orgánica en el suelo [en línea] En: Abonos orgánicos y plasticultura. Disponible en: http://www.smcs.org.mx/pdf/libros/abonos_org.pdf. [Consulta: 12 de junio de 2012]

Printed by Books on Demand GmbH, Norderstedt / Germany